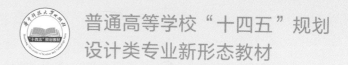
普通高等学校"十四五"规划
设计类专业新形态教材

中外建筑史

HISTORY OF CHINESE AND FOREIGN ARCHITECTURE

主　编　杜异卉　赵月苑　彭丽莉
副主编　潘　娟　张子竞　倪　珂
　　　　沈渡文　刘世为　何　媛
　　　　王方园　张晓慧　郝晓嫣
　　　　尹子祥　王彦苏　张　冉
　　　　尹一鸣　罗　昊

U0303329

华中科技大学出版社
http://www.hustp.com
中国·武汉

内容提要

中外建筑史是建筑设计类专业的基础课程。本书以教材为纲，使学生通过理论学习认识到古今中外建筑的形式、结构及演变规律，认识到不同历史条件下建筑的主要社会功能。学生可以从建筑发展的历史进程中学习中外各民族的文化内涵和艺术精髓。前辈的建筑艺术成就也可以进一步指导学生们今后的建筑设计与创作，为设计思维开拓更为广阔的领域。全书遵循建筑史大纲进行编写，共分为 16 章。本书创新性地加入建筑装饰部分的内容，通过宏观与微观的相互穿插，展现历史全貌。本书配有二维码资源，以便读者及时学习拓展知识，文后附中外建筑史常识提要、时间表以及室内装饰时间表，以便于读者查阅、对比中外建筑发展进程。

图书在版编目（CIP）数据

中外建筑史 / 杜异卉，赵月苑，彭丽莉主编 . 一武汉：华中科技大学出版社，2021.11 (2024.1 重印)
ISBN 978-7-5680-7151-2

Ⅰ. ① 中…　Ⅱ. ① 杜…　② 赵…　③ 彭…　Ⅲ. ① 建筑史 – 世界　Ⅳ. ① TU-091

中国版本图书馆 CIP 数据核字 (2021) 第 162397 号

中外建筑史
Zhongwai Jianzhushi

杜异卉　赵月苑　彭丽莉　主编

策划编辑：胡天金
责任编辑：梁　任
装帧设计：金　金
责任校对：张会军
责任监印：朱　玢
出版发行：华中科技大学出版社（中国·武汉）　　电　话：（027）81321913
　　　　　武汉市东湖新技术开发区华工科技园　　邮　编：430223
录　　排：天津清格印象文化传播有限公司
印　　刷：武汉科源印刷设计有限公司
开　　本：889mm×1194mm　1/16
印　　张：10
字　　数：308 千字
版　　次：2024 年 1 月第 1 版第 4 次印刷
定　　价：55.00 元

　　这本书的名字为《中外建筑史》，然而为了有别于市面上其他的同类书籍，我们特别在原有建筑史的基础上加入了室内装饰的部分。我们为什么要写一本关于建筑与室内装饰历史的书呢？假如我们对建筑外观与室内装饰完全无所谓的话，这本书倒是可以省略。但事实是，人们的情绪和行为很容易受到周围环境的影响，建筑与室内装饰在很大程度上主导着我们的情绪变化和行为模式。

　　从有了第一个可以为人类提供安身之所的建筑起，迄今已有漫漫数千年。在此期间，人类创造了无数的建筑形式和装饰风格。可以说，每个时代和地域的建筑都有它自成体系的风格特征和美学倾向。而作为一个建筑师或者室内设计师，理解并认识这些风格特征和美学倾向是非常有必要的。它可以帮助我们透过现象看到本质，观察建筑风格是如何产生，又如何影响和主导人们的生活的。同时，它也可以帮助我们发现隐藏在这些美学趣味背后的共同的人类情感和不同的文化追求。

　　正如著名作家阿兰·德·波顿在《幸福的建筑》一书中所言："我们期望我们的建筑就像一种精神气质一样促使我们成为一个更有希望的自我。"掌握不同趣味背后的社会因素和心理原因或许并不能改变我们对什么是美的感觉，但却有利于我们怀着包容的心去接纳历史，并站在历史的肩膀上创造出更多符合人性需求的未来场所。我想这正是我们研究历代建筑与室内装饰艺术，并探索它们背后美的逻辑的主要原因。

　　本书共分 16 个章节，涵盖中国建筑史与外国建筑史两部分内容，每一章节特别增加了相关的建筑装饰及家具风格的板块，兼顾专业与普及两个层面的读者群。

　　由于此次编撰时间仓促，有许多表述不当之处未及修正，还望读者给予谅解。

编者

2020 年 12 月

目 录

| 06

近现代中国建筑

| 07

古埃及建筑和两河流域建筑

| 08

古希腊建筑与古罗马建筑

| 09

欧洲中世纪建筑

01

中国古建筑的
主要特征

了解中国古代建筑木构架结构的优劣；掌握木构架建筑的主要形式及特点；掌握中国古代建筑构架的主要结构构件的功能和作用；掌握古代单体建筑和群体组合建筑的典型特征，掌握中国古建筑装饰的主要特征。

1.1 木构架结构的特点

中国是一个地域辽阔的国家，经过上千年的发展，形成了丰富的建筑结构类型，其中，分布最广、数量最多的建筑结构当为木构架结构。

木构架结构的优点：取材方便，适应性强，具有"墙倒屋不塌"的抗震性能，施工速度快，便于修缮和搬迁。

木构架结构的缺点：木材资源日趋短缺，容易遭受火灾和虫害。

中国传统木构架结构形式主要分为抬梁式、穿斗式和井干式。木构架于汉代形成，于唐代发展成熟，于宋代趋于精致，并于明清时期达到高潮。木构架又被称为"大木作"。其上构件非常多，放置位置不同名称也有所变化，主要构成部件为柱、梁、枋、檩、椽、斗拱。

① 柱：承受上部重量的直立构件。经过长期实践，人们开始对建筑中的柱子加以处理，使其具有一定倾斜角度的侧脚和升起，这样可以使屋面成一定坡度，既利于排水，又可使建筑更坚固。

② 梁：承受屋顶重量的水平构件。

③ 枋：连接柱与柱之间的水平构件，主要起辅助和稳定梁柱的作用。

④ 檩：将屋面的荷载传递到枋和梁上，直径和柱相等。

⑤ 椽：搁置在檩上的构件，主要承受屋面的荷载。

⑥ 斗拱：中国传统木构架建筑中特有的构件，主要由斗、升、拱、昂组成，位于柱顶、额枋、屋檐、构架之间。斗拱在周代时主要用于承重，唐宋时基本成熟，主要用于承重和装饰，至明清时则完全用于装饰。宋朝的《营造法式》中称之为铺作，清朝的《工程做法》中称之为斗科，通常称之为斗拱（图1-1）。

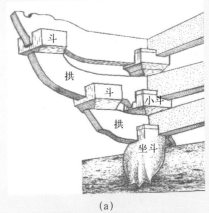

（a）

转角斗拱　柱间斗拱　柱头斗拱

（b）

图1-1　斗拱的构成与类型
（a）斗拱的构成；（b）斗拱的类型

斗拱视频，历代木结构外观演变图

1.1.1 抬梁式

抬梁式是使用范围最广的结构形式之一，早在春秋时期就已经出现，并于唐代趋于成熟。抬梁式常用于一些大型建筑中如宫殿、庙宇、衙署等。

抬梁式的特点是将屋顶的重力通过屋架层巧妙地传给柱，再传给基础，由此得到较大的室内空间。因为承重柱数量较少，所以需要较为粗大的柱作支撑。同时因开间较大，对梁的用材要求也较高，施工相对比较复杂。

搭建方式：柱上方叠搭梁头，梁头上叠搭檩条，梁上再用矮柱支上较短的梁，然后反复如此叠加（图1-2（a））。

1.1.2 穿斗式

穿斗式广泛应用于南方地区的民居建筑中，或者体量较小的建筑中。

穿斗式的优点是用料较少，且整体性强，非常适合用于对空间要求不大的民居建筑；缺点是柱太密，室内柱多。南方的一些庙宇或厅堂有时会采用穿斗式和抬梁式混合的方法建造。

搭建方式：用穿枋串柱为山墙，檩条放柱头上，可以不用梁，沿檩条再用穿枋串柱，还可以挑枋承托出檐（图1-2（b））。

1.1.3 井干式

井干式是较为久远的建筑结构样式，早在商代的棺椁中就已经应用。因其结构会消耗较多的木材，并且建造尺度和门窗开设都有一定限制，因此仅使用于少数的森林地区。

井干式的特点是使用木材较多，整体靠木材不断叠加形成的墙壁承重，因此开窗和开门都比较受限制，在两侧的山墙位置会立矮柱来承接脊檩的重量（图1-3）。

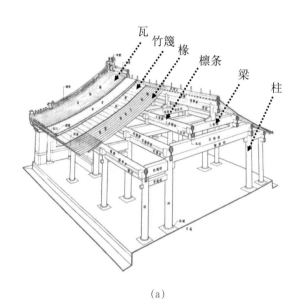

(a)

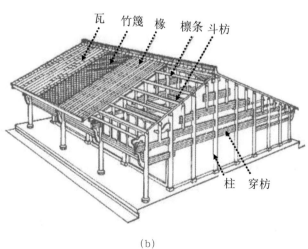

(b)

图1-2 抬梁式与穿斗式示意图
（a）抬梁式：柱将梁抬起，梁托起檩；（b）穿斗式：柱将檩抬起

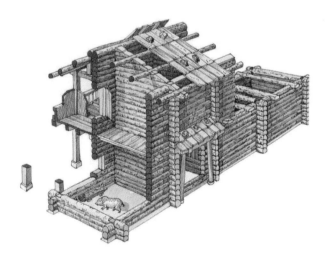

图1-3 井干式示意图

穿斗式结构视频，穿斗式结构、抬梁式结构动画

单体建筑特征

1.2.1 建筑的构成形式

中国古代的建筑通常是按照建筑群进行修建的，但无论是哪种建筑，其规模如何，外轮廓基本上都是由台基、屋身、屋顶三个部分组成的（图1-4）。

建筑常用开间（又叫"面阔"）和进深来表示其体量（图1-5）。而举则是指屋架的高度，需要按建筑进深和材料来定。

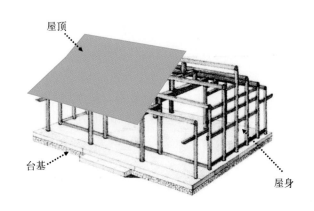

图1-4 中国古建筑外轮廓三要素

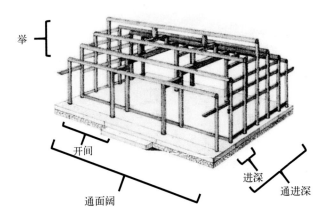

图1-5 面阔与进深

（1）开间：木构建筑正面相邻两檐柱间的水平距离。

（2）通面阔：各开间宽度的总和。民间建筑通常只有3～5间；宫殿、庙宇可以修5～7间；重要的建筑可以达到9间；十分重要的建筑可以高达11间，

如陕西西安唐大明宫含元殿、北京清故宫太和殿。

（3）进深：即前后檐柱之间的水平距离。

（4）通进深：各步距离的总和或侧面各开间宽度的总和。

1.2.2 台基、栏杆、踏道、铺地

台基：主要在建筑的最下部，承受整个房屋的重量。它最早是用来防潮防水的，后来因等级制度及外观等需要而产生了变化。台基主要分为普通台基和须弥座台基两种做法。普通台基常用夯土砌筑完成，在外部包裹砖石；须弥座台基是从佛座样式演变而来的，形态装饰复杂，一般用于较重要的建筑（如宫殿、庙宇）（图1-6）。

栏杆：又被称作"勾栏"，主要由望柱、寻杖、栏板三个部分组成（图1-6）。

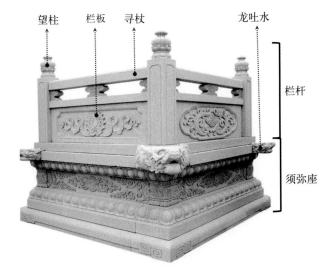

图1-6 须弥座台基和栏杆

踏道：踏道是为解决高差的一种交通设施，分为阶梯式和斜坡式。阶梯式的踏板、踏踪的高度比多为1：2，中间使用踏步，左右两边放置两块条形石板，名为"垂带石"，侧面三角形的部分被称为"象眼"（图1-7（a））。也有不用垂带石的踏道，在住宅或者园林建筑中，被称为"如意踏步"（图1-7（b））。

坡道：坡道一般分为礓磋（jiāng cǎ）和辇道两种。礓磋也叫"慢道"，一般用于室外纵坡坡度超过15%的坡道上，将斜面做成锯齿形坡道可防滑（图1-7（c））。辇道也叫"御路"，或被称为龙升或螭陛，原为古代中国宫殿建筑形制，是位于宫殿中轴线上台基与地坪以及两侧阶梯间的坡道（图1-7（d））。

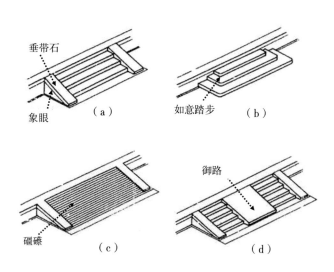

图1-7　踏道和坡道

铺地：分室内铺地和室外铺地两种。室内铺地早在秦代就已经出现。汉墓中的铺地形式多达数十种，作为较为讲究的殿堂，如太和殿的铺地则先会在地下铺设龙墙，墙上放木格栅，然后再铺设经过桐油浸泡、表面打磨光滑的"金砖"。

1.2.3　屋身

屋身主要由木质柱及枋作为骨架，用土、砖、木、编条夹泥等做成墙。

夯土墙：最早的墙主要为夯土结构，土坯墙等被称为版筑。

砖墙：如空心砖最早见于战国晚期。后因砖制作技术提高，砖变得廉价，硬山建筑应运而生。硬山建筑中的山墙就是砖墙，即位于建筑两端的墙体。其上三角形部分叫"山花"。在南方的一些建筑中，山墙还会高于屋顶，如马头墙（图1-8）。

空斗墙：南方民居及祠庙建筑中常见，这种墙体结构可以减少砖的使用量，从而节约成本。

编条夹泥墙：多用于南方穿斗式建筑，可作外墙或内墙，做法为两面涂泥、再施粉刷。

版筑、空斗墙、编条夹泥墙示意图

照壁：中国传统建筑特有的部分。照壁在明朝特别流行，主要作为建筑或院落在大门内的屏蔽物，古人称为"萧墙"（图1-9）。

图1-8　马头墙

图1-9　照壁

1.2.4　屋顶

1. 中国古建筑屋顶形式

中国古建筑屋顶形式可以分为庑殿顶、歇山顶、悬山顶、硬山顶、卷棚勾连搭、盝顶、攒尖顶（宋称"斗尖"）、盔顶（图1-10）。每种形式还会分成单檐和重檐，并且还可以多种组合使用，是中国古代建筑外观形象上最为显著的标志。庑殿（宋称"四阿"）也称为推山。歇山（宋称"九梁殿"）也称为收山，使屋顶不显庞大。

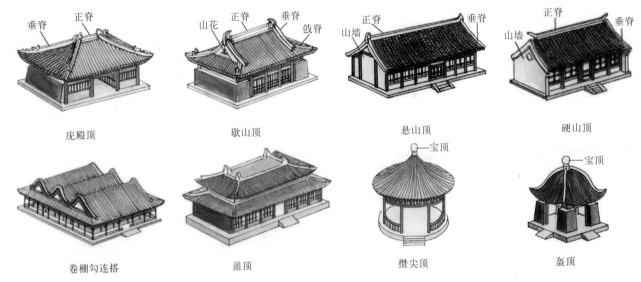

庑殿顶	歇山顶	悬山顶	硬山顶
卷棚勾连搭	盝顶	攒尖顶	盔顶

图 1-10　中国古建筑屋顶形式

2. 屋面曲线

早期的屋面是平直的，随着时间的推移，人们逐渐发现具有一定坡度的屋面会更利于排水，且更美观。

檐口曲线：檐口曲线的形成是檐柱逐渐升起的结果。为了使角部升得更高，除使用昂和其他角梁外，还在檐檩下端垫以生头木。

屋面曲线：包括纵向曲线和横向曲线。屋面曲线既利于雨水排泄，又利于室内采光，还可使屋面外形更加柔和秀美（图 1-11）。

屋脊曲线：宋元时期人们会在建筑的脊槫两端置生头木，明清时期屋脊又恢复平直（图 1-12）。

图 1-12　屋脊曲线

3. 屋角

中国北方建筑屋角起翘较平，外观庄重浑厚；南方屋面起翘较陡，外观活泼轻快（图 1-13）。

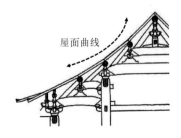

图 1-11　宋代屋面举折做法

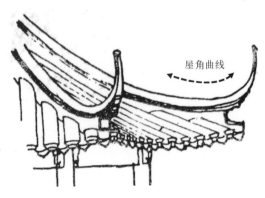

图 1-13　南方屋面起翘

群体组合建筑特征

1. 以院落为组合单元

中国古代的建筑，如宫殿、庙宇、住宅等，多按照单体建筑组合聚集，再加上围墙、廊道等围合成院落，形成院落建筑群。院落建筑群一般结合地形修建，以满足不同的功能需求。通常每个院落的建筑均面向院落开门、开窗、布置房间，组成一个院落单元。最为典型的院落式建筑就是北京的四合院（图1-14）。

2. 纵深布局

中国古代的群体组合建筑一般沿纵深方向布局，由一条中轴线贯穿整个建筑群，建筑群中的建筑以对称或不对称的方式连接在一起，在进深方向上形成大小、形状不同的院落。纵深布局的方式早在奴隶制时期就已出现，历代的统治阶级更是将其发展到了极致，北京紫禁城、明十三陵等威严庄重的场所会使用对称的布局，而园林建筑则主要采用灵活的不对称布局。

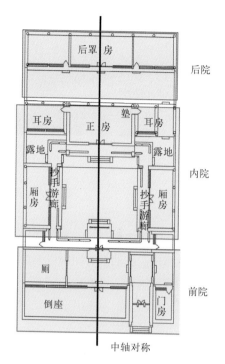

图1-14 四合院（三进，纵深对称布局）

建筑装饰特征

中国古代建筑以木建筑为主，其上的木构架是装饰的重点。中国古代常运用绘画、雕刻、书法等对木构架进行装饰，创造了独特的建筑装饰风格与造型。

1.4.1 屋顶装饰

中国的装饰艺术常常会使用各种寓言故事、神话故事、美好的寓意、谐音等来设置图案。

1. 走兽

走兽又称"小兽"，常位于屋角上，作用是保护瓦钉的钉帽，后被赋予了装饰意义和等级象征意义。屋顶檐角所用装饰物一般采用单数，多为有象征意义的传说中的异兽（图1-15）。

2. 吻兽

吻兽初作鸱尾之形，位于屋顶正脊的两端，一说为蚩（一种海兽）尾之形，象征辟除火灾，又称"龙吻""鸱吻"（图1-16）。吻兽最早记载于西汉，现存最早的实物是唐太宗的昭陵出土的鸱吻。

图1-15 屋脊走兽

图 1-16　鸱吻与剑靶

图 1-17　隔扇门

3. 瓦当

瓦当是指中国古代建筑中覆盖建筑檐头筒瓦前端的遮挡，特指东汉和西汉时期用以装饰美化和庇护建筑物檐头的建筑附件。屋檐最前端的一片瓦为瓦当。瓦当上刻有文字、图案，也有用四方之神（朱雀、玄武、青龙、白虎）做图案的。

瓦当视频

屋宇式大门　　　广亮大门　　　金柱大门

蛮子门　　　如意门　　　垂花门

图 1-18　门的种类

1.4.2　门窗装饰

1. 门的装饰

中国门的样式大约可以分为两大类。一类为建筑物自身的组成部分，如城门、入口大门、垂花门，这些门多以单体建筑的形式出现，门扇选择上多为版门。通常双扇为门，单扇为户。另外一类则是建筑的一个构件，如房屋的房门，通常使用的形式是隔扇门（图1-17）。

中国崇尚礼仪制度，因此大门也是按照其所象征的身份和地位进行设置的。门可以分为多种类型：屋宇式大门、广亮大门、金柱大门、蛮子门、如意门、垂花门等（图1-18）。

① 版门：分为棋盘版门和镜面版门两种，通常装饰有门钉和铺首。铺首即门上的兽首。兽首口中衔有门环，是用来敲门的。不同的门有不同的装饰，可根据等级需要和门的种类进行选择，如下槛、抱鼓石、铺首、门钉、中槛、门簪、垂莲柱、额枋、雀替等（图1-19）。

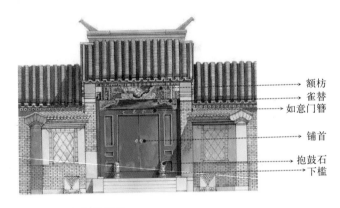

额枋
雀替
如意门簪
铺首
抱鼓石
下槛

图 1-19　版门的装饰

② 隔扇门：以隔扇作为门扇的门。隔扇门通常用方木做成框架，框架内就是隔扇。隔扇可以分为三段，最上面的称为隔心，中间的是绦环板，最下面的就是裙板。隔心通常是整扇门中最主要的部分，占整扇门的3/5，是雕刻最为细腻精致的部分，纹

样也非常丰富。裙板位置也是装饰重点，其上常常施以雕饰。

2. 窗的装饰

窗有直棂窗、槛窗、支摘窗、漏窗等形式（图1-20）。

① 直棂窗：中国古代木建筑外窗的一种，窗格以竖向直棂为主，是一种比较古老的窗式。

② 槛窗：位于殿堂门两侧各间的槛墙上，它是由格子门演变而来的，所以形式也相仿，但相比门，它只有格眼、腰华板和无障水板。

③ 支摘窗：亦称"和合窗"，即上部可以支起，下部可以摘下的窗。其内亦有一层，上下均固定，但上部可依天气变化用纱和纸糊饰，下部安装玻璃，以利室内采光。外层窗心多用灯笼锦、步步锦格心。故宫内支摘窗多用于内廷居住建筑及配房、值房等。

④ 漏窗：也叫作"花窗"，形式很自由，但是不能开启，主要起分隔作用，常出现在园林和住宅建筑中。漏窗的图案具有多种样式，是中国园林设计精髓"隔而不断"的完美体现。

1.4.3 天花

天花主要是建筑物内用来遮蔽梁架的构件。它的做法主要有平闇（àn）、平棊（qí）、藻井等。

① 平闇：在梁下用天花枋组成木框，框内再放置小而密的木方格，不施彩绘。

② 平棊：在木框架间放大木板，并且施以彩绘或者贴上有彩色图案的纸（图1-21）。

③ 藻井：中国传统建筑中室内顶棚的独特装饰部分，一般做成向上隆起的井状，有方形、多边形或圆形凹面，周围饰以各种花藻井纹、雕刻和彩绘。藻井多用在宫殿、寺庙中的宝座、佛坛上方最重要的部位。藻井装饰有预防火灾之意（图1-22）。

1.4.4 彩画

1. 彩画的常用色彩与等级

彩画常用青、赤、黄、黑、白等色彩。西周时期对颜色使用就有等级规定。明清时期颜色以红、黄为尊，青、绿次之，黑、灰最下。

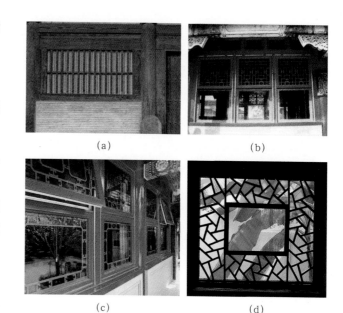

图 1-20　窗的类型
(a) 直棂窗；(b) 槛窗；(c) 支摘窗；(d) 漏窗

图 1-21　平棊天花

图 1-22　藻井天花

2. 彩画的类型

清式彩画主要分为和玺彩画、旋子彩画、苏式彩画。

① 和玺彩画：等级最高、最尊贵的彩画，主要用于宫廷、坛庙等大型建筑的主殿。其特点为梁枋上用"∑∑∑"线条分开。主题是龙、凤、宝珠和云（图1-23）。

② 旋子彩画：等级仅次于和玺彩画，其最大的特点是在藻头内使用了带卷涡纹的花瓣，即所谓的旋子（图1-24）。

③ 苏式彩画：苏式彩画源于苏杭地区民间传统作法，一般用于园林中的小型建筑。主题以山水、花卉、禽鸟为主。两边用"《》"或"（）"框起（图1-25）。

1.4.5 其他构件

① 悬鱼：一种建筑装饰，大多用木板雕刻而成，位于悬山或者歇山建筑两端的博风板下，垂于正脊。宋徐积有诗句云："爱士主人新置榻，清身太守旧悬鱼。""羊续悬鱼"比喻为官清廉、拒绝受贿赂。

② 雀替：通常置于建筑的横材（梁、枋）与竖材（柱）相交处，作用是缩短梁枋的净跨度从而增强梁、枋的承载力；减少梁与柱相接处的竖向剪力；防止横材与竖材间的倾斜角度过大（图1-26）。

图1-23 和玺彩画

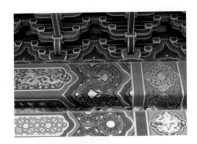

图1-24 旋子彩画

图1-25 苏式彩画

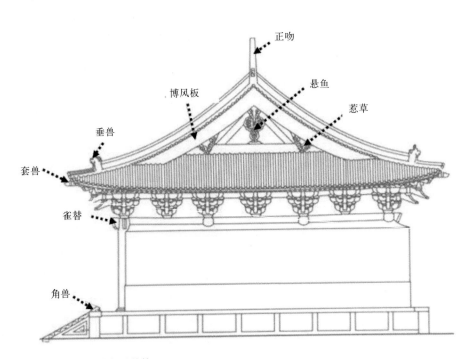

图1-26 古建侧立面装饰

1.5 中国传统室内装饰艺术及家具风格

中国的建筑以独特的风格特征傲立于世，中国传统装饰风格和家具设计也一直伴随着建筑的发展而不断发展。按设计演变进程，中国传统室内装饰与家具的发展可大致划分为以下 4 个重要时期。

① 秦汉时期，封建社会的发展达到了第一次高峰，建筑规模呈现出宏大的气势。壁画在此时已成了室内装修的一部分。而丝织品以帷幔、帘幕的形式参与空间的分隔与遮蔽，增加了室内环境的装饰性，而此时的家具也丰富起来，有床榻、几案、茵席、箱柜、屏风等几大类。

② 隋唐时期，封建社会的发展达到了第二次高峰。该时期室内空间开始进入以家具为设计中心的陈设装饰阶段，家具形式普遍采用垂足坐的习惯，室内家具设计极为多样化。建筑结构和装饰结合完美，风格沉稳大方，色彩丰富，体现出一种厚实的艺术风格（图1-27）。

③ 南北宋时期，人们已经改变了跪坐的习俗，家具也因此有了很大发展。该时期高型家具日渐普遍，装饰风格简练朴素，具有深厚的文化内涵，彰显了极高的美学境界。宋代家具的实物虽然稀少，但其绘画中的家具留存至今的较多，可以通过研究家具图像，来探讨有关宋代家具的内容（图1-28）。

④ 明清时期，封建社会进入最后的辉煌时期，建筑和室内设计发展达到了新的高峰。该时期室内空间具有明确的指向性，根据使用对象的不同而具有一定的等级差别，室内陈设也更加丰富和艺术化。

这一时期，由于海上贸易的发展和家具制作工艺的进步，以紫檀、黄花梨等为代表的红木家具开始在民间流行起来（图1-29）。这些家具样式造型浑厚、色彩浓重又不失简洁大方。明代的苏州，清代的广州、扬州、宁波等地发展成家具制作中心。家具的类型和样式除了满足生活需要外，与建筑有了更加密切的联系，成了有机组成部分（图1-30）。在一般的厅堂、卧室、书房等都有常用的几种家具配置，出现了成套家具的概念。

清朝的室内装饰基本继承了明朝的传统，家具设计上因受到西方巴洛克艺术的影响，开始呈现雍容华贵的趋势（图1-31），出现了雕漆、填漆、描金的家具。木家具中雕刻也大量增多，并用玉石、陶瓷、珐琅、玳瑁等做镶嵌。

图 1-27　唐代螺钿双陆木棋盘

图 1-28　宋代家具复原

图 1-29　黄花梨直棱架格（明）

图 1-30　楠木攒灯笼锦拔步床（清）

图 1-31　多宝阁（清）

虽然中国历代建筑装饰艺术和家具设计随着文化融合有所变迁，但严谨的整体布局和古雅的审美情趣却从未改变。几千年来，由于儒家思想一直在中国占主导地位，礼仪、道德和宗法观念深入人心。这使得中国人的室内生活很早就步入了秩序化、规范化的阶段，室内空间的布置严格遵循尊卑有别、长幼有序的原则（图1-32），多采用总体布局，对称均衡，端正稳健，格调高雅，简单优美。室内开间较大的空间，常运用博古架、隔扇门、罩（图1-33）等物件对空间进行规划和分配，竖向空间则采用雕梁画栋、藻井天花等装饰元素加以美化（图1-34）。用色方面，北方室内多用大红大绿，色彩浓重而成熟，南方则以白色、青灰色、棕色为主，清雅质朴。

中国传统室内陈设包括字画、匾牌、挂屏、盆景、瓷器、古玩、屏风、博古架等（图1-35），追求一种修身养性的生活境界。在装饰细节上，中国古代崇尚对花鸟鱼虫等自然情趣和人文传说的精细雕琢，题材的内容和形式富于变化，注重象征和隐喻，甚至具有一定的道德教化意义（表1-1）。

图 1-32　中国传统厅堂摆设

图 1-33　翊坤宫中的花罩隔断划分大空间

图 1-34　养心殿藻井天花

图 1-35　储秀宫内部陈设

表 1-1　常见中国传统纹饰及寓意

传统纹饰	寓意
蝙蝠	"蝠"谐音"福"，五只蝙蝠围成圈寓意五福临门
花瓶	"瓶"谐音"平"，例如瓶中供玉如意，寓意平安如意
仙鹿	"鹿"谐音"禄"，寓意官运亨通
梅、兰、竹、菊	花中四君子，寓意高尚的品格
鱼、鱼鳞纹	寓意年年有余，多子多福
猴子	"猴"谐音"侯"，寓意封侯
桃园三结义	仁义忠厚
木兰从军、岳母刻字	精忠报国

02

城市建设

了解中国古代城市建设的发展过程，如北魏洛阳、曹魏邺城（主体在今河北省临漳县境内）、南朝建康（今南京）等；了解《周礼·考工记》里的古代都城建设要点；重点掌握汉长安（今西安）、唐长安（今西安）、宋汴京（今开封）、明清北京的城市建设特色与技术。

2.1 城市发展概况

中国古代城市是伴随着阶级分化与私有制产生而出现的产物，是进行社会统治的据点。我国在城市规划与建设方面有着卓越的成就和丰富的经验。我国历史上曾出现过不少宏伟壮丽的城市，并形成了中国特有的城郭体系。

2.1.1 中国古代城市的演变

中国古代城市有三个基本要素：统治机构（宫廷、衙署）、手工业和商业区、居民区。古代城市的演变与发展始终围绕着这三者的发展而不断变化。

（1）城市初生期（原始社会晚期—西周）。

原始社会晚期以防御为目的的筑城活动兴盛起来。目前中国境内已发现的新石器时代晚期城址30余个，都采用了夯土筑城的技术，技术比较原始。一些城市中，宫殿区、手工业作坊区和居民区散乱而无序地分布，表明城市还处于萌芽状态。

河南偃师二里头遗址被认为是夏朝的都城斟鄩，总占地面积约 9km²，其中发现大规模的宫殿遗址，占地面积达 12 万平方米。商代的几座城市遗址（郑州商城、偃师商城、湖北盘龙城、安阳殷墟）中，也有成片的宫殿区、手工业作坊区和居民区，此时的城市还处于初始阶段。

西周初年，为适应分封制的政治体制，以周公营建雒邑（今洛邑）为代表，形成了按等级划分的城市建设制度。《周礼·考工记》记载的"匠人营国，方九里，旁三门。国中九经九纬，经涂九轨。左祖右社，面朝后市。市朝一夫"，被认为是当时诸侯国都城规划的记录，也是中国最早的一种城市规划学说（图 2-1）。

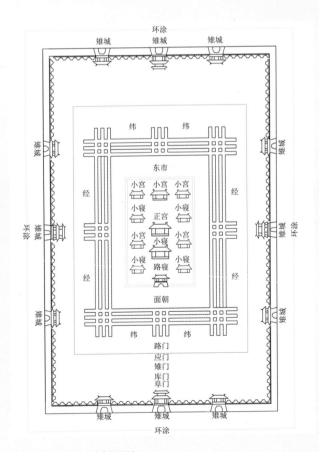

图 2-1 周礼王城复原图

夏都（二里头）、殷墟视频，汉长安城、北魏洛阳城、南朝建康城简介

（2）里坊制确立期（春秋时期—东汉）。

春秋时期，奴隶制开始瓦解，开始使用铁器，生产力水平提高，促成了中国历史上第一个城市发展高潮。新兴城市不断出现，城市规模不断扩大，城市生活日趋复杂。为保证城市有序运转与统治安全，新的城市建设模式产生，即把全城划分为若干封闭的"里"作为居住区，商业与手工业则限制在"市"，用高墙包围，按时启闭，宫殿、官署占据最有利的位置，并用城墙保护。这一时期城市总体布局还比较自由，里坊制在城市中的形式也较为多样，如曲阜鲁故都、西汉长安城、易县燕下都等。

（3）里坊制极盛期（三国—隋唐）。

三国时期，曹魏建设都城邺，正式开创里坊制的城市格局。邺城规划严整，功能分区明确，平面呈长方形，宫殿位于城市北部，南向整齐布置衙署。东西向道路和南北向道路将全城作棋盘式分割，住宅和市场放入被道路包围的"里"（北魏时期又称"坊"），将较松散的里坊制城市布局变得紧凑有序，城市面貌更为壮观。唐长安城将这种里坊制发展到极致，是中国古代里坊制城市的典范。

（4）开放街市时期（宋代—清）。

唐代晚期，里坊制森严和阴沉的城市风貌受到冲击，一些城市开始突破里坊制。宋朝建立后，都城汴京在建设中也几经波折，最终彻底放弃里坊制，取消了宵禁，开放城市布局。城市的街道两边不再是坊墙，而是由荟萃四方的商铺与作坊取而代之，城市生活和经济得到较大的发展。宋代以后，中国城市进入了开放街市时期。

2.1.2 中国古代城市建设的要点

1. 城市选址

中国城市的选址以"相土尝水"为中心，其次才是政治、经济和军事的需求，解决城市水源是历朝历代重视的问题。一方面是保障饮用水的问题，另一方面是供应范围用水和漕运用水，如汉代长安开郑渠沟通黄河，隋唐时期修运渠接黄河、汴河通江南，元明清时期修通大运河等，漕运成为国都的生命线，城市用水也依靠运河解决。

2. 城郭制度

中国古代城市为了保证安全，形成了城与郭的设置，从春秋时期到明清时期，各朝的都城和重要城市均有城郭之制。城和郭分工明确：城用来保卫君主，郭用来守护百姓，即"筑城以卫君，造郭以守民"。齐临淄、赵邯郸设置郭附属于城一侧，吴姑苏、鲁曲阜则是郭包于城外，所谓"内之为城，外之为郭"。由于更加安全，汉代以后主要发展内外城郭制，在各个朝代城郭的名称也各异，如子城、罗城，内城、外城，阙城、国城。一般都城有三道城墙，即宫城、皇城或内城、外城（郭），如唐长安、宋开封等，而明代南京与北京城则形成四道城墙，府城、省会等重点城市也通常设置两道城墙。

3. 城防设施

夏商时期以版筑或夯土筑城，东晋以后逐渐出现砖包夯土墙的情况，如南朝建康城的宫城与"石头城"。明代以后砖的产量增加，砖石外包筑城才全面普及。城门结构早期多使用木过梁，宋代以后砖拱门洞逐步推广，而南方水乡城市则设置水城门。为强化城防，重要的城市或要塞等设置两道以上城门，形成"瓮城"。一些城市还沿城墙每隔一段距离设置"马面"或敌台，即突出城墙的墩台，形成侧面防御能力。另外还设置有城楼、城垛、战棚等防御设施。

4. 城市道路

得益于传统的方位观念和建筑坐北朝南的布置格局，我国城市道路以南北向为主，因地制宜地采用方格网布置。如隋唐长安城采用严格规整的布置，明南京则因为城中有山丘和水域，又包罗旧城，故布局更为自由。东晋时期的建康城已经使用砖铺道路，但唐长安仍旧使用的是夯土路面，宋代以后砖石路面才得以普及。

5. 城市规模

中国古代都城的规模居世界前列，唐长安占地 84km²，北魏洛阳城约 73km²，元大都约 50km²，明清北京城约 60km²，这些城市的人口均为百万以上。

2.2 都城建设实例

中国古代都城的选址经历了由西向东推移的过程，这主要是因为经济中心不断向东南方向迁移。从宋代开始，江南地区的财政收入成为朝廷财政收入的主要来源，到明清时期，朝廷的运转则基本依赖南方的漕运支撑。

作为全国政治、文化中心的都城，上百万人口在此高度集中，这一切都是在为封建统治服务，宫城、皇城居于首要地位，其次才是官署、府邸，最后才是平民住区、手工业与商业区，历代都城均如此建设。

2.2.1 唐长安城

唐长安始于隋文帝兴建的大兴城，基本沿用了隋朝的城市布局，实测东西 9721m，南北 8651m，分为外城、宫城和皇城。其中外城划分为里坊、东市（都会市）、西市（利人市）等共 109 个，里坊大小不一，

小坊 500m 见方，大坊成倍于小坊。坊的四周有坊墙，坊开 2～4 个门，坊内有宽 15m 的横街或十字街，再通过十字小巷接入住户。

城内道路笔直宽敞，东西向与南北向道路成正十字相交。宫城与皇城之间的横街宽 200m，贯穿皇城与外城的中轴线街道宽 150m，其他街道最窄的 25m，形成棋盘式布局。城内虽然街道纵横，但全是土路，下雨后就泥泞不堪，两边种植槐树，开排水沟并紧邻坊墙。城市东南角建有芙蓉园，内引黄渠水形成曲江池，又在城西开挖永安渠与清明渠直通宫城（图 2-2）。

唐高宗时期，在长安城东北角龙首原高地兴建大明宫，将原宫城太极宫改称"西内"，唐代政治中心转移到大明宫。大明宫建成后，唐长安城的城市格局再无大的变化。

唐长安城视频

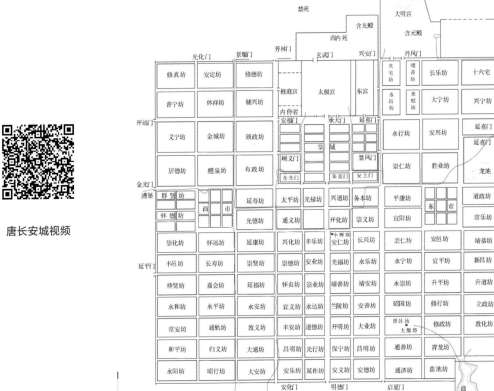

图 2-2 唐长安城平面略图

2.2.2 宋东京城

隋唐时期，随着江南经济的发展，经济中心开始向东南转移，因此，位于黄河与运河之间的汴梁城日益繁盛。五代时期，后梁、后汉、后晋和后周都在此建都，北宋建立后，也以汴梁为国都，称东京。

北宋东京城是由州城不断扩建而成的，宫城规模较小，仅方圆2.5km，其罗城面积也仅为唐长安的一半多。由于东京城不断扩建，城市建筑密集，防火问题严重，城市街道也不笔直，反映出其多次扩建改建的特色。由于商业发达，城中到处设店。里坊制在东京被彻底废除，被繁华的不夜城取代，酒楼、饭店、浴室、瓦子布满城市，这是中国城市建设史上一大突破（图2-3）。

宫城前有长长的御街，街面分三股道，中间为皇帝御道。官署分散布置在宫城内外，与民居杂处，这也体现出东京的改建特征。都城东北方向有宋徽宗经营的艮岳。

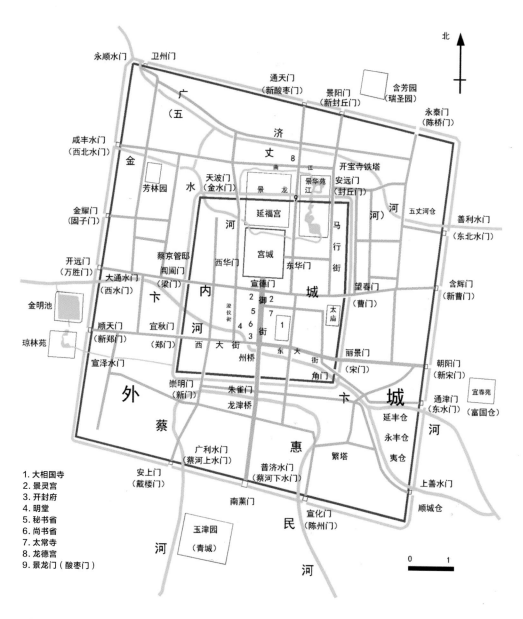

北宋东京城、清明上河图视频

1. 大相国寺
2. 景灵宫
3. 开封府
4. 明堂
5. 秘书省
6. 尚书省
7. 太常寺
8. 龙德宫
9. 景龙门（酸枣门）

图2-3 北宋东京（开封）城平面推想图

2.2.3　明北京城

北京城历史悠久，辽代在此建陪都，金代在此建都，称中都。元世祖忽必烈在金中都的基础上建元大都，明灭元后，改称北平府，明成祖朱棣迁都后，称为北京。

明代北京城是利用元大都原有城市改建的。将大都北面城墙向南迁移 2.5km，将南城墙向南移 500m，形成明清北京城的内城，后于嘉靖三十二年（1553 年）在内城南面加筑外城，于是北京的城墙平面就形成凸字形。清代北京城没有扩建，主要是营建宫苑与修建宫殿。

明北京外城东西跨度为 7950m，南北跨度为 3100m，南面 3 座城门，东西各一座，北面共有 5 门，东西两端角门直通城外，中间三座门通向内城。内城东西跨度为 6650m，南北跨度为 5350m，东面、西面、北面各两座城门。这些城门都建有瓮城和城楼。

明北京全城有一条全长 7.5km 的中轴线贯穿南北，明北京的布局以皇城为中心，皇城为不规则的矩形，位于全城的南北中轴线上，四面有门，南面的正门就是天安门。皇城内建有宫殿、园囿、坛庙、官署、宫观等建筑，功能复杂，数量众多。皇城的核心是皇宫，位于全城的中心部位，城外有护城河，四面有高大的城墙。从前门向北经过皇宫到地安门，均为宫殿建筑群所占用。按照"左祖右社"的礼制，在宫城前的东面建太庙，西面建社稷，在内城外四面建有天、地、日、月四坛（图 2-4）。

元大都、北京城、
丽江古城视频

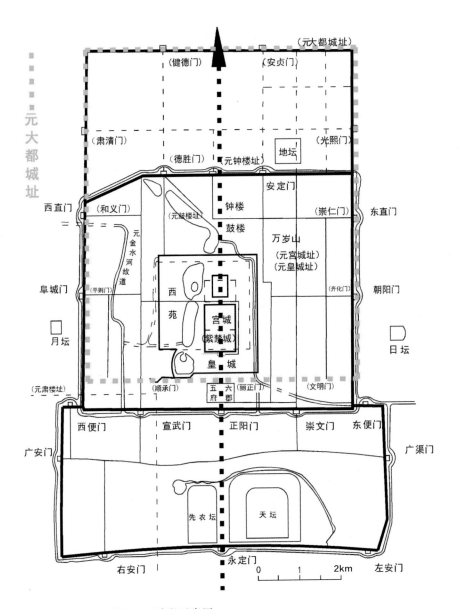

图 2-4　明北京城发展三阶段示意图

03

宫殿与坛庙

3.1 宫殿

3.1.1 宫殿建筑发展概况

不论朝代如何更替，大家都因循宫殿建筑的制度进行建造，这是一种自古形成并不断发展完善的制度。《周礼·考工记》有"建造王城，九里见方，四周各三门，南北和东西大道各九条，宫城之左为宗庙，右为社稷，前为朝，后为市"的记载，因此，宫殿在规划时，一般遵循"前朝后寝""五门三朝""左祖右社"等规定。

具体来看，中国古代宫殿建筑的发展可以大体分为四个阶段。

（1）"茅茨土阶"的原始阶段（夏商时期）。

考古发掘证实，这一阶段因为瓦尚未诞生，所以宫室建筑也用茅草盖顶，夯土筑基（图3-1）。

（2）高台宫室盛行的阶段（周至战国）。

根据考古发现，周早期宫室中运用了瓦，之后瓦在春秋战国广泛用于宫殿。春秋战国时期，各诸侯国争相修筑高台宫室，宫室是体型复杂的组合式木建筑，现仅存高4～10m的宫室夯土高台遗址（图3-2）。自此，高台宫室之风延续两千多年，直至清朝，仍有宫殿筑于高台之上，这些台基或用人工堆砌，或由天然土阜裁切修筑。

（3）前殿与宫苑结合阶段（秦汉时期）。

秦朝统一中国之后，在咸阳大规模建造宫殿，分散布局在关中平原上，广袤数百里。渭水北有旧咸阳

阿房宫视频

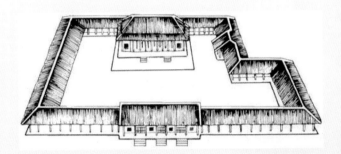

图3-1 夏朝二里头宫殿

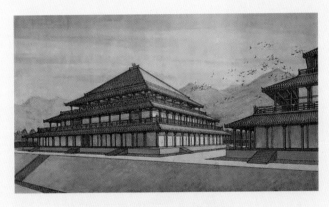

图3-2 春秋战国时期中山王陵享堂复原图

宫、新咸阳宫和仿照六国式样的宫殿，渭水南有信宫、兴乐宫和后期建造的朝宫——宏伟的阿房宫前殿，骊山有甘泉宫，此外还有许多离宫散布在渭南上林苑中。

西汉初期仅有长乐（太后所居）、未央（天子朝廷和正宫）两宫，文帝、景帝时期又辟北宫（太子所居），汉武帝大兴土木，建造桂宫、明光宫、建章宫。各宫都围以宫墙，形成宫城。宫城中又分布着许多自成一区的"宫"，这些宫与宫之间布置有池沼、台殿、树木等，格局较自由，富有园林气息。未央宫是汉帝的主要宫殿，有隆重的前殿，供大朝、婚丧、即位等大典之用。

（4）纵向布置"三朝"阶段（汉至清朝）。

自商周起，皇宫都由理政的前朝和生活的后宫两部分组成。

隋朝时依照周礼制度，营建新都大兴宫，纵向布列"三朝"：广阳门（唐改称承天门）为大朝，元旦、冬至、万国朝贡在此行大朝仪；大兴殿（唐改称太极殿）为朔望视朝之处；中华殿（唐改称两仪殿）为每日听政之处。

唐高宗迁居大明宫，以含元、宣政、紫宸三殿为"三朝"，三者仍沿轴线布置（图3-3）。

南京明故宫、南京朝天宫视频

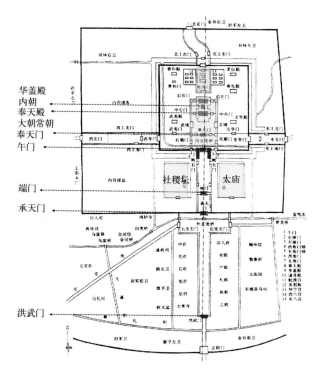

图3-4 明南京故宫复原图

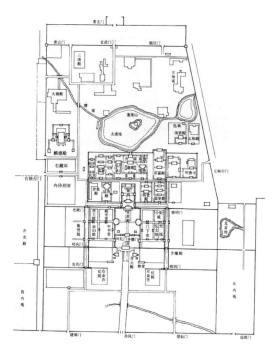

图3-3 唐大明宫平面图

北宋元丰后汴京宫殿以大庆、垂拱、紫宸三殿为"三朝"，但由于地形限制，三殿前后不在同一轴线上。与周礼制度不同，元大都宫殿在中轴线前后建大明殿与延春阁两组庭院应是蒙古习俗的反映。明初，朱元璋在南京宫殿仿照"三朝"作三殿（奉天殿、华盖殿、谨身殿），并在殿前作门五重（奉天门、午门、端门、承天门、洪武门）。其使用情况为：大朝及朔望常朝都在奉天殿举行，平日早朝则在华盖殿。明初宫殿除"三朝五门"之外，按周礼"左祖右社"的规定，在宫城之前东西两侧置太庙及社稷坛（图3-4）。明永乐迁都北京，宫殿布局虽与南京相同，但殿宇可随宜变通使用，明季朝会场所几乎遍及外朝各重要门殿，"三殿"与"三朝"已无多少对应关系。

汉、唐、明三代宫室的发展趋势如下。① 规模渐小。② 宫中前朝部分加强纵向的建筑和空间层次，门、殿增多。③ 后寝居住部分由宫苑相结合的自由布置，演变为规则、对称、严肃的庭院组合，汉未央宫、唐大明宫台殿池沼错综布列，富有园林气氛，不似明清故宫森严、刻板。

3.1.2 宫殿建筑实例

1. 唐大明宫

唐代初期沿用隋朝旧宫，并将其改名为太极宫，但此宫处于低矮潮湿的位置，因此，唐高宗时期，在东北角的高地上，将唐太宗时期建的大明宫扩建为新宫。自此，大明宫替代太极宫成为政治中心。

在大明宫可远眺城市风景，占地面积大，约有4.5个明清北京故宫那么大。整体按照传统的"前朝后寝"布局，分为外朝、内廷两大部分。其中，外朝三殿：含元殿为大朝，宣政殿为治朝，紫宸殿为燕朝。宫前横列五门，中间正门称丹凤门。

作为大朝的含元殿，其殿前两边有钟楼、鼓楼和左右朝堂（图3-5）。据遗址推测，含元殿殿基高出地面10余米，殿基东西宽76m，南北深42m。含元殿是一座十三间的殿堂，殿阶用木平坐，殿前有供大臣上朝所用的7折坡道，长达70余米，因远看像长龙之尾，所以又叫"龙尾道"。道上铺设莲花砖，两侧有石栏杆。

殿前有一对左右相向而立的阙楼，通过飞廊与殿身相连，形成环抱之势。殿后分别是宣政门和宣政殿，宣政殿前庭内遍植松树，殿东西两侧院内有宫署。宣政殿后有紫宸门、紫宸殿，是常朝进行的地方。

内廷部分以太液池为中心，池中有土山，称蓬莱山，池南岸有长廊，并环以殿阁楼台和树木，形成园林区。同时，内廷布置有殿阁楼台三四十处，与园林区共同形成宫苑相结合的起居游宴区。

图3-5　唐大明宫含元殿复原图

唐大明宫视频、唐大明宫含元殿平面图

2. 明清北京故宫

明清北京故宫于明朝永乐四年（1406年）始建，并于明朝永乐十八年（1420年）建造完成，耗时14年（图3-6）。明朝灭亡后，清朝沿用此宫殿，总体布局沿袭明朝原貌，现存殿宇中仍有明朝建筑。

（1）北京故宫建筑群整体布局。

北京故宫是我国封建社会的代表性建筑之一，在1.6km的轴线上，用层层递进、逐步展开的建筑序列营造了连续、对称的封闭空间，体现皇家建筑的威严感，烘托了皇权的至高无上。

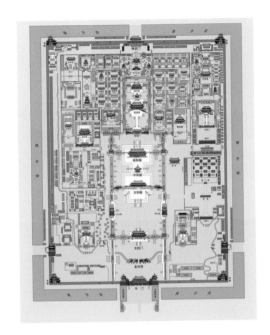

图3-6　明清北京故宫总平面图

整体遵从"五门三朝""前朝后寝"的布局方式，大清门、天安门、端门、午门、太和门为五门，太和殿、中和殿和保和殿为三朝，乾清宫、交泰殿、坤宁宫为后寝，在进深方向上由院落串联而成。

由北至南是一个深五百余米的"千步廊"，纵向院落接上三百余米宽的横向院落组成了"T"形平面。天安门前有华表和金水桥，气度不凡，这种由收到放的节奏达到了第一个建筑高潮。

天安门到端门之间是一个小院落，但因为端门和天安门重复，加强了彼此的形象。从端门到午门是一个深三百多米的狭长院落。至此看见宏伟的午门，过午门之后即为宫殿区，让人内心产生敬畏感，这是第二个建筑高潮。

午门到太和门之间是宽两百多米的太和门庭院，再次出现由收到放的节奏。从太和门到太和殿，是一个近似正方形的面积超过4hm²的大广场，配上宏伟的太和殿，达到整个序列的最高潮，尽显威严、肃穆之感。

城墙四角有角楼，且四面有门，南为午门，北为神武门，东为东华门，西为西华门。

过了太和门就是三朝（三大殿），即前朝；以乾清门为界，向北是后寝，遵照了"前朝后寝"的布局方式。

前朝三大殿中，正殿太和殿用于国家和皇帝的重要活动，如：皇帝登基、颁布要旨、大型朝会和皇上贺寿等，用重檐庑殿顶；中和殿是朝会前的休息空间，用攒尖顶；保和殿用于进士殿选和设宴，用重檐歇山顶。三大殿由北向南一字排开，均用红墙黄瓦，位于白石台基上，既有秩序，又有层次。

后寝分三部分：中路由南向北依次为皇帝寝宫乾清宫、交泰殿和皇后寝宫坤宁宫，中轴线末端为御花园，其中，有一重檐盝顶的明代建筑名曰"钦安殿"；东侧多为男性寝殿，为东六宫、乾东五所、管理衣食和宫内祭祖的功能空间，内宫墙外到紫禁城墙间还有皇极殿、宁寿宫、南三所和乾隆花园；西侧多为女性寝殿，为西六宫、乾西五所、供服丧游赏和宗教信仰的功能空间，内宫墙外到紫禁城墙间还有英华殿、寿安宫和慈宁宫等。整体平面布局符合天象说，乾清宫和坤宁宫分别象征天与地，东西六宫象征十二星辰，乾东西五所象征繁星，共同形成群星拱卫之象。

（2）北京故宫建筑形制与等级。

北京故宫的建筑严格按照等级制度进行配置，以

明清北京故宫、元大都视频

突出主体。屋顶形制分主次，午门和太和殿是重檐庑殿顶，天安门、太和门和保和殿是重檐歇山顶。其他建筑根据功能依次用攒尖顶、歇山顶、硬山顶等。

建筑台基、建筑规模、开间进深、建筑细部和装饰繁简也一律遵从等级，"以低衬高"，"以小衬大"，"以简衬繁"，以太和殿为故宫之最。同时，重要建筑前还使用建筑小品、雕饰等，突显建筑的尊贵和庄严。

建筑色彩对比强烈：白台基、红墙面、朱门窗、各色彩画和琉璃瓦相映成趣，绚烂多彩。色彩使用也分等级：金、红、黄显高贵，用于王公贵族宫室；青、绿次之，用于官员宅第；黑、灰最次，百姓居宅仅能用此色。

3.2 坛庙

3.2.1 坛庙建筑发展概况

古代科学发展水平较低，很多现象无法解释，因此，便有了祭祀活动，而用于祭祀的建筑就是坛庙。考古发现，祭祀缘起于旧石器时代，而在新石器时代后期，出现了祭坛和女神庙等建筑。在奴隶社会时期，有河南安阳殷墟祭祀坑、四川广汉三星堆祭祀坑等重要遗迹。在封建社会时期，中国古代皇家最重要的活动之一，就是在坛庙进行祭祀。明清北京故宫外按照"左祖右社"布置，以皇帝坐在朝堂之上来区分左右，因此，宫外西侧为祭土地的社稷坛，东侧为祭祖的太庙。郊外南侧为天坛与先农坛，北侧为地坛与先蚕坛（现已不存在），东侧为日坛，西侧为月坛（图3-7）。

总体来说，坛庙建筑大致分为以下三类。

① 用于祭祀神明。不同的建筑祭祀不同的自然神，因此就有了祭祀天地日月、风雨雷电、土谷农桑、山川河岳等神的坛庙。皇上亲自祭祀天地、日月、社稷和先农等，其余祭祀活动派官员完成。

② 用于祭祀祖先。皇家祖庙为太庙，官宦祖庙为

家庙或祠堂。明代规制中，百姓不能有家庙。

③ 用于祭祀先贤。这类坛庙较为常见的有武侯祠、关帝庙、孔子庙等。由于儒家文化的影响最深远，孔子地位很高，因此全国孔庙数量也最多。

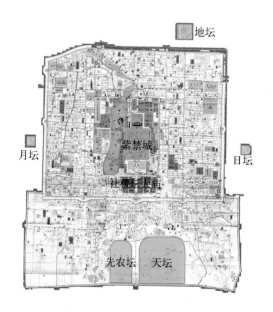

图 3-7 明清北京城坛庙分布情况

3.2.2 坛庙建筑实例

1. 北京天坛

北京天坛地处正阳门外东侧，现存格局是在明嘉靖时期（1522—1566年）调整后形成的，另建日坛、月坛与地坛（图3-8）。清乾隆时期将天坛大修，并将原大享殿更名为祈年殿（图3-9），将其蓝、黄、绿三色琉璃屋檐改为青色琉璃屋檐，用来孟春祈谷，还将圜丘扩大，由2层改为3层，改青色琉璃砖为汉白玉，故有现在的样子。

圜丘由坛壝和皇穹宇组成：坛为3层圆形，墙为1m多高的两周矮墙，内圆外方；皇穹宇体量精巧，造型美观，圆形围墙绕圆形建筑，用于存放昊天神主。

连接祈年殿与圜丘的是一条宽30m的甬道，甬道地势低，加上殿宇台基高，强化了祈年殿的崇高神圣之感。蓝色的圆形屋顶，对比白石基和红门窗，颜色明快而强烈。

除了祈年殿和圜丘以外，在天坛西侧还有斋宫，用于祭祀前夕的斋宿。再往西有神乐署和牺牲所，供存储祭奠所用舞乐及祭品之用。天坛绿意盎然，柏树丛生，从位于西侧的入口穿越1km的森林甬道后，看到祈年殿和圜丘，营造了一种肃穆的氛围。这组建筑的造型、空间、环境和用色都很有代表性，堪称古代建筑群的佼佼者。

图3-9　天坛祈年殿

2. 北京社稷坛

现存社稷坛主体建筑有一座方形坛，以及戟门、拜殿这两座面阔五间的殿宇（图3-10）。方坛共三层，表面用象征东、西、南、北中的五色土按照方位铺就，东用青土，西用白土，南用赤土，北用黑土，中用黄土，分别对应青龙、白虎、朱雀、玄武以及皇帝。坛外有一周壝墙，墙上颜色也与方位对应。坛北为拜殿与戟门这两座明初建筑，做工精巧，构架规整，严谨细致，用于雨天室内祭祀。

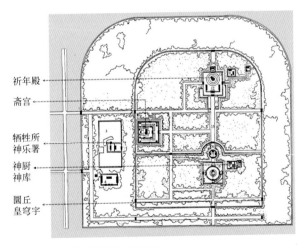

图3-8　北京天坛平面示意图

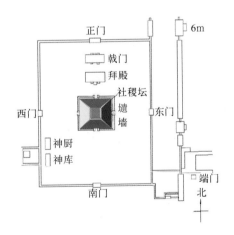

图3-10　北京社稷坛平面图

北京太庙、曲阜孔庙简介，北京太庙、苏州文庙视频；天坛视频，圜丘、祈年殿简介

04

住宅与园林

了解中国住宅和园林的发展概况及常见的民居类型；理解中国古代皇家园林和私家园林两大园林体系的造园原则和设计方法；掌握典型民居的建筑特点以及建筑的平面布局和空间布局；掌握典型皇家园林和私家园林的布局特点及设计概况。

4.1 住宅

4.1.1 住宅建筑发展概况

住宅建筑是人类历史上最早的建筑类型，也是人类文明的重要标志之一。原始社会时期，人类最早依靠天然洞穴栖身，后期出现了构木为巢、冬窟夏庐的居住方式，即巢居和穴居，这也是人类住宅建筑的雏形。在此期间，由于农业耕种的需要，人们向土地肥沃的冲积平原迁徙，并形成了相对固定的居民点，即最初的聚落。随着社会生产力的提高，穴居、巢居逐渐演化为木骨泥墙建筑和干阑式建筑。到新石器时期，中国大部分地区的人都从事农作，过着以农业为主的定居生活，也开始有意识地改造自然，利用工具改造自己的居住和生存环境，出现了以河姆渡文化、仰韶文化、龙山文化为代表的三种文化。其中，在浙江余姚的河姆渡文化遗址中发现了我国最早采用榫卯技术构筑木结构房屋的实例（图4-1），而陕西临潼姜寨村落遗址和西安半坡遗址（图4-2）是仰韶时期农耕生活的典型例证。

进入奴隶制社会，手工业、商业从农业中分离，居民点细化，出现了城市型居民点和农村型居民点。在不同的居民点根据居住要求和社会等级的不同，住宅类型也丰富起来。

汉代的住宅形式主要有两种。一种是继承传统的庭院式住宅，规模较小的有三合院、"口"字形、"日"字形、"L"形等（图4-3）。另一种是创建的新制——坞堡，也称坞壁，是一种防御性强的建筑，多为豪强所建。坞堡四周较高，坞内建望楼，四隅建角楼（图4-4）。

图4-1　余姚河姆渡文化遗址复原

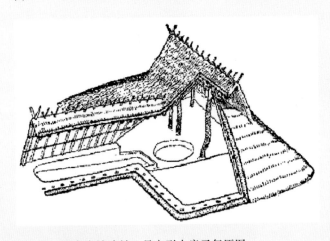

图4-2　西安半坡遗址1号方形大房子复原图

仰韶文明、河姆渡文明视频

图 4-3　汉代画像砖上的住宅院落

图 4-5　乌头门

图 4-6　隋唐壁画中回廊庭院

图 4-7　宋《闸口盘车图》

图 4-4　坞堡

魏晋南北朝时期，住宅建筑继承传统建筑形制，崇尚山水。如北方贵族的住宅庭院多为对称布局，大门多为庑殿式，围墙内侧有廊围绕的庭院，宅院中有数组回廊围绕，有数个用处不同的厅堂。

隋唐五代时期，贵族的住宅布局更为自由活泼，出现不对称布局的庭院，大门由乌头门代替了庑殿式，由直棂窗、回廊组成庭院（图 4-5、图 4-6）。

宋代时期，开放式街巷制替代了里坊制，居住建筑和市井建筑得到了很大发展，出现了多种形式。城市住宅平面布置十分自由，多为四合布局，有前门后院式，有前店后宅式。屋顶多为悬山顶，高等级府邸可用歇山顶或庑殿顶，其等级分化已经十分明显。繁华的宋《闸口盘车图》中呈现了不同的建筑空间组合和建筑屋顶形式（图 4-7）。

明清时期，住宅大致可分为规整式布局和自由式布局。规整式布局以北京四合院为代表（图 4-8），建筑物都有中轴线，均衡对称，主次分明，体现了封建社会的等级观念。自由式布局则以南方（江南地区）的文人士大夫的私家院落为代表，一般为纵向布局，左右或后面建设花园，建筑空间紧凑、灵活，造景精致独特，体现了主人特有的艺术造诣和对野趣山林的向往之情（图 4-9）。

图 4-8　北京四合院

其他住宅类型简介

图 4-9　江南私家院落

4.1.2 住宅建筑分类

我国幅员辽阔，自然环境、社会经济环境各不相同，随着历史的发展，逐步形成了反映地理环境特点和人与自然关系的不同住宅建筑形式。我国较具代表性的住宅建筑形式如下。

（1）木构架庭院式住宅。

这是中国传统住宅的主要形式，其数量多，分布广，主要是汉族人使用，满族和白族的大部分人及其他少数民族的一部分人也使用。这种住宅以木构架房屋为主，在南北向的主轴线上建正厅或正房，正房前面左右对峙建东西厢房。这种"一正两厢"式庭院，即通常所说的"四合院""三合院"。长辈住正房，晚辈住厢房，妇女住内院，来客和男仆住外院，这种分配符合中国封建社会家庭生活中要区别尊卑、长幼、内外的礼法要求。这种形式的住宅遍布全国城镇和乡村，但因各地区的自然条件和生活方式的不同而各具特点。其中四合院以北京四合院为代表，形成了独具特色的建筑风格（图4-10）。

（2）"四水归堂"式住宅。

江南民居主要指江苏、浙江、安徽、上海一带的住宅建筑。其中徽派建筑最有代表，进深方向一般为三到五间。由于南方人多地少，气候炎热多雨，因此

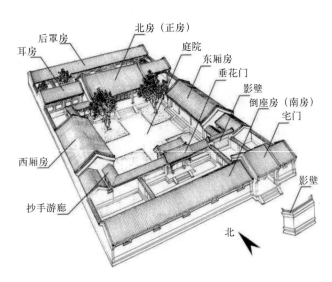

图4-10 三进院落的北京四合院

北京四合院视频

徽派住宅多为两层楼的天井式建筑，中间只留有面积较小的庭院，以通风散热。房屋的屋顶坡面多向院内倾斜，便于雨水向院内流淌（图4-11），有"四水归堂，财不外流"之意。外墙面多采用高于屋顶的马头墙（图4-12），有利于在火灾发生时防止火势蔓延。正面的楼房多为三间，正中间的称为"堂屋"，相当于会客厅，两边分别居住主人和儿子，厢房为其他子女居住。屋顶铺小青瓦，室内多以石板铺地，以适应江南温湿的气候。江南水乡住宅往往邻水而建，前门通巷，后门邻水，每家自有码头，供洗涤、汲水和上下船之用。

图4-11 "四水归堂"的内聚式天井

图4-12 马头墙

（3）"一颗印"式住宅。

中国的中部偏南地区有许多这种形式的四合院住宅。三间四耳是最常见的宅制，即正房三间，左右各有两间耳房（厢房）。前面临街一面是倒座，中间为住宅大门。四周房屋都是两层，天井围在中央，住宅外面都用高墙，很少开窗，整个外观方方正正，如一块印章，所以俗称为"一颗印"（图4-13）。"一颗印"式住宅建筑为木构架，土坯墙，多绘有彩画，题诗词家训。

图 4-13 云南"一颗印"式住宅（三坊一照壁）

图 4-14 福建土楼

（4）土楼。

土楼是中国福建西部客家人聚族而居的环形楼房。一般为 3～4 层，最高为 6 层，包含庭院，可住 50 多户人家。庭院中有厅堂、仓库、畜舍、水井等公用房屋。土楼内圈每隔一段距离有一段土质墙，用于防火，即使有一段房屋着火，也不会影响其他几个区域。同时，土墙旁都设有一口井，井的上方设计有天井，用于采光和收集雨水。这种住宅防卫性很强。建筑形态有圆形、方形、一字形、椭圆形、八卦形等，其中圆形居多（图 4-14）。

（5）窑洞式住宅。

窑洞式住宅主要分布在中国中西部的河南、山西、陕西、甘肃、青海等黄土层较厚的地区。利用黄土壁立不倒的特性，水平挖掘出拱形窑洞。这种窑洞节省建筑材料，施工技术简单，冬暖夏凉，经济适用。窑洞一般

可分为靠山窑、平地窑、砖窑、石窑或土坯窑（图 4-15）。

（6）干阑式住宅。

干阑式住宅主要分布在中国西南部的云南、贵州、广东、广西等地区，为傣族、景颇族、壮族等的住宅形式。干阑是用竹、木等构成的楼居。它是单栋独立的楼，底层架空，用来饲养牲畜或存放东西，上层住人。这种建筑隔潮，并能防止虫、蛇、野兽侵扰（图 4-16）。

除此以外，还有蒙古、哈萨克等族为适应游牧生活而使用的可以移动的毡包住宅；喀什地区维吾尔族以雕刻装饰繁复著称的"阿以望"住宅；西藏、青海、甘肃及四川西部地区，外墙用石墙、内部用密肋构成的藏族住宅等。

图 4-15 窑洞式住宅示意图

图 4-16 干阑式住宅

4.2 园林

4.2.1 园林发展概况

中国古典园林始于殷周时期的"囿"，最早有史料记载的是殷纣王所建的"沙丘苑台"。早期的"囿"主要是借助天然景物畜养禽兽，以供帝王狩猎取乐之用，其中主要的构筑物为"台"，可以登高望远，观赏风景。

春秋战国时期，高台建筑兴盛，园林中也以高台为标志性建筑，该时期的园林在充分利用自然山水环境的同时，开始使用人工池沼、构筑园林建筑等。

秦汉时期，开始在"囿"中建宫设馆，以供帝王寝居与观赏之用，"囿"逐渐演变为"苑"。宫苑内建筑与自然山水有机组合，并开凿太液池，池中堆筑模拟人们所谓的方丈、蓬莱、瀛洲三座仙山，成为中国历代皇家园林创作中"一池三山"的设计手法（图4-17）。

魏晋南北朝是我国自然式山水园林的奠基时期。这一时期政局动荡，文人雅士悲观厌世，回归自然的思想兴起，讴歌自然之美的山水诗、山水散文、山水画、山水园林也由此诞生并得到发展。私家宅院和郊区别墅的兴起，对皇家园林的审美趣味也产生了影响。

唐宋时期园林兴盛，山水诗、山水画的发展，尤其是人们对"诗情画意"的追求，推动了园林艺术的进一步发展。造园手法的趋于精致，大批文人对园林设计与建设的直接参与，使得造园理论得到了迅速完善，造园技巧也得到了迅速提升，从而使园林设计从模仿自然走向写意山水，注重意境创造，追求情景交融（图4-18）。该时期园林类型也更加丰富多彩，不仅有帝王的皇家园林、文人雅士的府宅私园，还出现了向市民开放的城郊风景点，园林已逐渐由都城扩散到地方城市，从王公贵族、文人雅士扩散到平民百姓，渐趋普及。

图4-18 唐华清宫

明清时期，我国园林艺术发展掀起了又一高潮。明朝江南地区经济、文化繁荣，江南一带造园业兴盛，苏州、无锡、南京、绍兴等地私园处处可见。清朝先后兴建了大量规模宏大的皇家园林，如清三海、圆明园、颐和园、承德避暑山庄等，这也促使江南等地掀起造园热潮。明清时期的园林与日常生活的关系更为密切，房屋增多，生活功能加强，各种造园要素也随之增多，以追求景物的丰富多样，造园手法也趋于繁密、拘谨、精致，与六朝、唐宋时期疏朗和豪放的园林风格已有很大不同。

明末造园家计成完成了中国第一本园林艺术理论专著《园冶》，书籍从园说和兴造论两方面，将园林

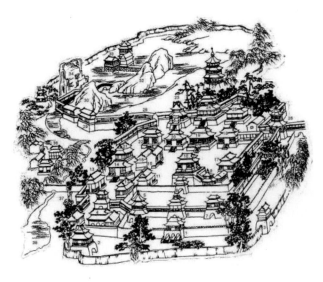

图4-17 建章宫景观

创作实践提高到理论，总结了历代造园经验，反映了中国古代造园的成就，是一部研究古代园林的重要著作。

4.2.2 园林分类

1. 根据隶属关系划分

（1）皇家园林。

皇家园林为皇帝或皇室所有，古籍中称苑、苑囿、宫苑、御苑、御园等（图4-19）。皇家园林按使用情况的不同分为大内御苑、行宫御苑、离宫御苑三种类型。

图4-19 皇家园林

大内御苑：皇帝的宅园，建在皇城和宫城之内，紧邻皇居或距皇居很近，便于皇帝日常游憩，典型代表是故宫。

行宫御苑、离宫御苑：建在都城郊外风景优美的地方，或者远离都城的风景地带。其中行宫御苑供皇帝偶尔游憩或短期驻跸之用，如颐和园；离宫御苑作为皇帝长期居住、处理朝政的地方，相当于一处与大内相联系的政治中心，典型代表是承德避暑山庄。

（2）私家园林。

私家园林（图4-20）为民间的贵族、官僚、缙绅、文人和富商（皇权的补充和延伸）所私有，常称作园、园亭、池馆、山池、山庄、别业、草堂。其特点为规模较小，常用假山假水，建筑小巧玲珑，表现其淡雅素净的色彩。如北京的恭王府，苏州的拙政园、留园、网师园、沧浪亭，上海的豫园等。

（3）寺庙园林。

寺庙园林是指佛寺和道观的附属园林，也包括寺观内部庭院的绿化（多以栽植名贵花木而闻名于世）和外围地段的园林化环境（图4-21）。该类园林营造了一种清幽雅致的环境，追求赏心悦目、恬静舒适的感觉。封建政治体制决定宗教的地位，寺观的建筑形制逐渐趋同于宫廷、邸宅，常有"天下名山僧占多"之说，如少林寺、五台山等。

图4-20 私家园林

图4-21 寺庙园林

2. 根据地理位置划分

（1）北方园林。

北方园林主要地处黄河流域的西安、洛阳、登封、开封、曲阜、北京等古都或古城，其中以北京园林为代表，多为皇家园林。这些园林风格粗犷，建筑偏于厚重，是我国古代园林的宏丽之作，如北京以山水取胜的"三山"（香山、玉泉山、万寿山）。其特点是宏大壮美，雄伟豪放，富丽堂皇，可概括为"北方之雄"，但秀美之气稍显不足（图4-22）。

（2）江南园林。

江南是指长江下游太湖流域一带，江南地区的园林以南京、无锡、扬州、苏州、上海、杭州、嘉兴等地为多，苏州为最。江南自东晋、南北朝之后，经济发展很快，且江南游乐之风盛于中原，故有钱有势者争建园林或私宅，不出院门，可陶性于山水之野。另外，江南山清水秀，河道密布，湖塘众多，草木繁茂，为建园林提供了条件。江南园林艺术造诣较高，常被当作中国园林的代表，其影响已渗透到各种类型、各种流派的园林之中，成为后人效仿的范例，故有"江南园林甲天下，苏州园林甲江南"之说（图4-23）。

（3）岭南园林。

岭南园林主要分布在以珠江三角洲为中心的潮汕、东莞、番禺、广州等地，以宅园为主。这些地区终年常绿，又多河川，具有明显的热带、亚热带风光特点，造园条件十分优越。园林多为景观欣赏与避暑纳凉相结合，其布局往往以大池为中心，绕以楼阁，高树深池，阴翳生凉。花木种植颇广，它们与建筑小品相映衬，更显得园林色彩浓厚，绚烂精巧。岭南园林发展历史较晚，既汲取了江南园林之"秀"，也师出于北方园林，近代又受西欧造园技法的影响，建筑高而宽敞，结构简洁，轻盈秀雅，室内造景，内外呼应，具有综合型园林的特征。现存的岭南园林，有著名的广东佛山梁园、顺德清晖园（图4-24）、东莞可园、番禺余荫山房（图4-25），这四大园林又称为"岭南四大名园"。

图 4-22　北方园林

图 4-24　顺德清晖园

图 4-23　南方园林

图 4-25　番禺余荫山房

4.2.3 园林实例

1. 颐和园

颐和园位于北京城西北郊，原名清漪园，是乾隆皇帝为孝敬其母崇庆皇太后而建。颐和园占地约290hm²，与圆明园毗邻。它是以昆明湖、万寿山为基址，以杭州西湖为蓝本，汲取江南园林的设计手法建成的一座大型山水园林，也是保存最完整的一座皇家行宫御苑，被誉为"皇家园林博物馆"。

全园依山就势，水体面积占园林总面积的3/4，景观设计因地制宜，划分成以下4个景区。

① 东宫门区。东宫门区为清朝皇帝从事政治活动和生活起居之所，主要建筑有东宫门、仁寿殿、乐寿堂、玉澜堂、德和园等。建筑布局严谨，庄重严肃。

② 万寿山前山部分。这一景区依托山势，自临湖的云辉玉宇坊经排云门、排云殿、德辉殿、佛香阁（图4-26）直至山顶的智慧海，构成了一条层次分明的中轴线，层层登高，金碧辉煌，气势雄伟。佛香阁高38m，八边形平面，建于高大的石台上，成为全园的制高点。前山还有转轮藏殿、宝云阁（铜殿）、画中游、石舫。湖边的长廊长728m，有房273间，白栏玉瓦，富丽堂皇。

③ 万寿山后山和后湖部分。这里林木葱茏，环境幽邃，溪流曲折而狭长，建筑较少，主要包括一组藏传佛教建筑和具有江南水乡特色的苏州街。

④ 昆明湖的南湖及西湖部分。这里水面宽广，浩渺开阔，以西堤、洲岛分隔水面，十七孔桥（图4-27）飞架湖上，造型优美。西堤上桃柳成行，6座不同形式的拱桥掩映其中（仿杭州西湖苏堤）。湖中三岛形态各异，岛上建筑与万寿山隔水相望，形成对景，远借西山和玉泉山群峰，湖光山色，美不胜收。

2. 拙政园

拙政园被誉为"中国山水园林之母"，苏州园林之冠，与北京颐和园、承德避暑山庄、苏州留园一起被誉为中国四大名园。全园总占地5.2hm²，以水为中心，山水萦绕，厅榭精美，花木繁茂，具有浓郁的江南水乡特色。

拙政园分为东花园、中花园、西花园和住宅区4个部分，如图4-28所示，为现今拙政园平面图。

图 4-27　十七孔桥

图 4-26　颐和园佛香阁

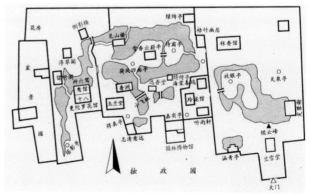

图 4-28　拙政园平面图

① 东花园原称"归田园居"，全部为新建，布局以平冈远山、松林草坪、竹坞曲水为主，配以山池亭榭，仍保持疏朗明快的风格，主要建筑有兰雪堂、芙蓉榭、天泉亭、缀云峰等。

② 中花园是全园精华所在，面积约 1.23hm²。其总体布局以水池为中心，亭台楼榭皆邻水而建，有的亭榭则直出水中，具有江南水乡的特色。围绕中部拙政园主景区的主体建筑远香堂的有：水域北侧的雪香云蔚亭、待霜亭、荷风四面亭，西侧的、香洲、玉兰堂，南侧的小飞虹（图4-29），东侧的海棠春坞、听雨轩。

③ 西花园原为补园，面积约 0.83hm²，其水面迂回，布局紧凑，依山傍水建以亭阁。主要建筑有十八曼陀罗花馆、卅六鸳鸯馆、与谁同坐轩（图4-30）、留听阁、浮翠阁、倒影楼、水廊。

④ 住宅区位于拙政园南部，这里体现了典型江南地区传统民居多进的格局。

图4-29　小飞虹　　　　图4-30　与谁同坐轩

3. 留园

留园位于苏州阊门外，始建于明代。清代时称其为"寒碧山庄"，俗称"刘园"，后改为"留园"。留园占地约 2.33hm²，代表清代风格。留园以建筑艺术精湛著称，厅堂宽敞华丽，庭院富有变化，太湖石以冠云峰为最高，有"不出城郭而获山林之趣"的美誉。造园家运用各种艺术手法，使留园形成有节奏、有韵律的园林空间体系，成为世界闻名的建筑空间艺术处理的范例。

全园大致分为中、东、西、北四部分（图4-31），在一个园林中能领略到山水、田园、山林、庭园四种

拙政园、留园视频

不同景色。中部是涵碧山房，为山水花园（图4-32），也是全园精华之所在。东部以建筑为主，建有园内的主厅——五峰仙馆。东北角林泉耆硕之馆以北，冠云楼、冠云台、待云庵等建筑群围成的庭院的水池中，设有冠云峰（图4-33），其以独有的"瘦、漏、透、皱"的特点，成为天下太湖石之翘楚。西部是土石相间的大假山。北部则是田园风光。留园的"冠云峰"与上海豫园的"玉玲珑"、杭州曲院风荷内的"绉云峰"，被称为"江南三大名石"。

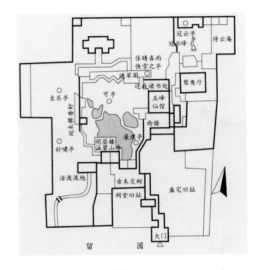

图4-31　留园平面图

图4-32　涵碧山房

图4-33　冠云峰

05

宗教建筑与陵墓

了解中国古代佛教建筑及陵墓的发展概况；掌握山西五台山佛光寺大殿的结构和外观特点；了解佛塔的主要类型及各自的特点；了解大同云冈石窟、洛阳龙门石窟和敦煌莫高窟的基本概况。掌握唐乾陵、明孝陵、明十三陵、清陵的特点。

5.1 宗教建筑

5.1.1 佛教建筑发展概况

佛教从东汉时期的古印度经中亚传入中国，其建筑布局形式的转变过程也是其逐渐本土化的过程。佛教建筑的发展大致经历了以下 3 个时期。

① 以佛塔为中心的时期。最早汉明帝（公元 58—75 年）时所建的洛阳白马寺，即是以佛塔为中心的方形庭院。

② "前塔后殿"布局时期。佛教在两晋、南北朝时期得到了很大的发展，当时建造了众多寺院、石窟寺和佛塔。其中，北魏洛阳永宁寺采用了以佛塔为主且成中轴对称的"前塔后殿"布局形式。

③ 寺庙功能和形式丰富化时期。隋唐至宋是中国佛教大发展时期。隋代的主要佛寺仍然是以佛塔为主且成轴线对称的"前塔后殿"布局形式；唐代出现了佛塔体量减小和不居中现象，继而出现了以佛殿为寺院核心的现象，佛塔一般建在侧面或另建塔院，钟楼和藏经楼对称布置在佛殿两侧，并有刻经文的经幢。转轮藏创于南朝，如宋河北正定隆兴寺转轮藏殿；宋代出现了戒坛。明代普遍在佛寺轴线的西侧建鼓楼。明清时期的佛寺仍然是中轴线对称布局，但佛塔已很少，此外还会围绕主要建筑组群建造诸多配套的别院。

隆兴寺、独乐寺简介，佛光寺视频

5.1.2 佛寺

我国佛寺大体分为以佛塔为主和以佛殿为主两大类型。以佛塔为主的佛寺最先在我国出现，保留着天竺制式特点，以一座高大居中的佛塔为主体，周围环绕方形广庭和回廊门殿；以佛殿为主的佛寺基本上采用了我国传统宅邸的多进院落布局，源于南北朝时期的"舍宅为寺"。

山西五台山佛光寺大殿建于唐大中十一年（公元 857 年）。佛光寺大殿是我国现存最大的唐代木构架建筑，已运用了标准化模数设计（图 5-1～图 5-3）。其面阔 7 间（34m）、进深 8 架椽（17m），采用单檐四阿顶（清称庑殿顶），用鸱尾。平面柱网为内外两圈柱组成的"金厢斗底槽"形式，柱高与面阔的比例略呈方形，斗棋高度约为柱高的 1/2。内、外柱等高，柱端有卷杀，檐柱有侧脚和生起。阑额（清称"额枋"）上无普拍枋（清称"平板枋"）。屋面

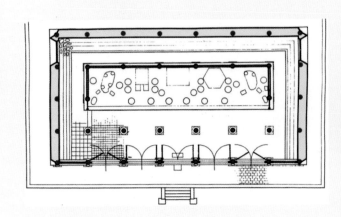

图 5-1　佛光寺大殿平面图

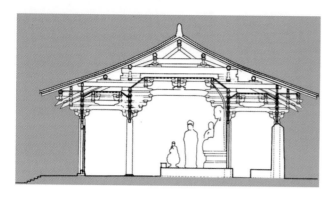

图 5-2　佛光寺大殿横剖面图

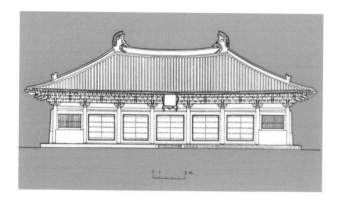

图 5-3　佛光寺大殿立面图

图 5-4　窣堵坡

图 5-5　山西应县佛宫寺释迦塔

图 5-6　陕西西安大雁塔

坡度平缓，正脊及檐口都有升起曲线。粗壮正身、宏大的斗栱、深远的出檐，体现了唐代建筑雄健恢宏的特征。梁架有明栿和草栿两种，用叉手、托脚，脊槫下只用叉手（无侏儒柱），是现存木构架建筑中的唯一实例。

5.1.3　佛塔

佛塔起源于古代印度，称为窣堵坡（梵文读音）（图 5-4），是佛教高僧埋藏舍利子的建筑。随着佛教传入中国，佛塔与重楼结合后，逐步形成了楼阁式塔、密檐式塔、单层塔、覆钵式塔、金刚宝座式塔、经幢等多元化的类型。

1. 楼阁式塔

楼阁式塔外观仿中国传统的多层木构架建筑，出现较早，数量最多。楼阁式塔一般用砖木混合或全部用砖石建成，可供登临远眺。较有代表性的楼阁式塔有苏州报恩寺塔、山西应县佛宫寺释迦塔（又称应县木塔，图 5-5）、陕西西安大雁塔（图 5-6）、福建永宁寺塔、南京报恩寺琉璃塔等。

2. 密檐式塔

密檐式塔底层较高，上施密檐数层，层数一般为奇数，密檐间距逐层缩小，一般不能登临观览，建造材料多用砖、石。较有代表性的密檐式塔有河南登封嵩岳寺塔、陕西西安小雁塔（图 5-7）、云南大理崇圣寺千寻塔等。

3. 单层塔

单层塔主要为墓塔，或在其中供奉佛像。如隋代的山东历城神通寺四门塔（图 5-8），平面呈正方形，每面宽 7.38m，四面各开一道小拱门。塔高 15.04m，单层，全部用青石砌成。塔内有石砌的中心柱，柱四面各安置石雕佛像一尊，内部形式与中心柱型石窟类似。塔顶为五层石砌叠涩出檐，上收成截头方锥形，顶上立刹，为方形须弥座。

图 5-7　陕西西安　　图 5-8　神通寺四门塔
小雁塔

图 5-9　北京妙应　　图 5-10　北京碧云寺塔
寺白塔

4. 覆钵式塔

覆钵式塔又称喇嘛塔，是藏传佛教的塔，主要流传于南亚的印度、尼泊尔等国家，以及中国的西藏、青海、甘肃、内蒙古等地区，直接来源于印度的窣堵坡。覆钵式塔是一种实心建筑，供崇拜之用，被用作舍利塔，还可用作僧人的墓塔。较有代表性的覆钵式塔有北京妙应寺白塔（图 5-9）、西藏江孜白居寺菩提塔。

5. 金刚宝座式塔

金刚宝座式塔的外观特征一般为高台上建 5 座塔，1 座高且居中，4 座低且位于四角处，具有代表性的有北京正觉寺塔、北京碧云寺塔（图 5-10）等。

北京碧云寺塔位于北京香山碧云寺后部，建于乾隆十三年（1748 年）。塔为石砌，主要由下部两层台基、中部土字形台基和上部 5 座密檐式方塔组成，总高 34.7m。中塔高 13 层，四角小塔高 11 层。台面前部两侧各立一座小藏传佛塔。基台通体满布藏传佛教题材雕饰。全塔体量高大，雄伟壮观。

6. 经幢

经幢源于古代的旌幡，一般由基座、幢身和幢顶三部分组成（图 5-11）。主体是幢身，刻有经文、佛像等，多呈六角形或八角形。我国石柱刻经始于六朝，宋以后造型日趋华丽考究，一般安置在通衢大道、寺院及陵墓等处。

中国石窟视频、中国著名石窟、莫高窟壁画简介

图 5-11　河北赵州陀罗尼经幢

5.1.4　石窟

石窟是佛寺的一种特殊形式，通常在环境幽静的河谷、山崖、台地等凿窟造像，作为僧人聚居修行的场所。石窟约在南北朝时期传入我国，北魏至唐为盛期，宋以后逐渐衰落。著名的有山西大同云冈石窟、河南洛阳龙门石窟、甘肃敦煌莫高窟、甘肃天水麦积山石窟、山西太原天龙山石窟等。中国佛教石窟在浮雕、塑像、壁画等方面都留存了丰富的资料，在历史上和艺术上都是很宝贵的。

5.2 陵墓

5.2.1 陵墓建筑概况

为了满足人类因魂魄观念所产生的保存尸体的需求（庙以栖魂、墓以栖魄），同时为了满足"事死如事生"的中国礼制要求，加之封建等级制度的作用，陵墓这一建筑类型得以形成。

我国古代陵墓的发展形式经历以下阶段：① 墓而不坟；② 地面起坟丘；③ 春秋时期的方上陵体；④汉代在陵墓前加设神道；⑤ 唐代以山为陵并利用自然地形增设献殿，加长神道；⑥ 明代增设碑亭，献殿演变为棱恩殿、棱恩门、院落等形式，陵体也改为方城明楼宝城宝顶形式，尤其加长了神道。纵览以上阶段可知，陵墓轴线越来越长、地面建筑越来越多、陵体重要性越来越弱。陵寝设计的重点从强调纪念性转向强调礼仪性。

图 5-12　唐乾陵神道与石像生

5.2.2 陵墓建筑实例

1. 唐乾陵

乾陵位于陕西省咸阳市乾县县城北部 6km 的梁山上，为唐高宗李治与武则天的合葬墓。乾陵于唐光宅元年（684 年）建成，唐神龙二年（706 年）加盖，陵区仿京师长安城建制。除主墓外，乾陵还有 17 个小型陪葬墓，葬有其他皇室成员与功臣。

乾陵是唐十八陵中主墓保存最好的一个，采用"以山为陵，凿山为穴，以山为阙"的建造方式，继承六朝的神道并加长，上设柏城，并设上下宫（献殿、寝殿）分别建造，是利用地形的典型案例（图 5-12）。

2. 明陵

（1）明孝陵。

明孝陵位于江苏省南京市玄武区紫金山南麓，是明太祖朱元璋与其皇后的合葬陵墓（图 5-13）。明孝陵占地面积达 170 余万平方米，是中国规模最大的帝王陵寝之一，具有"明清皇家第一陵"的美誉。它始建于明洪武十四年（1381 年），建成于明永乐三年

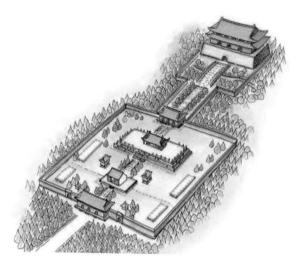

图 5-13　南京明孝陵复原图

（1405 年）。明孝陵承唐宋帝陵"依山为陵"旧制，开曲折自然式陵寝之先河，并始建宝城宝顶，将人文与自然统一。

此后，明清皇家陵寝均按南京明孝陵的规制和模式营建，在中国帝陵发展史上有着特殊的地位。

陵墓相关视频、简介

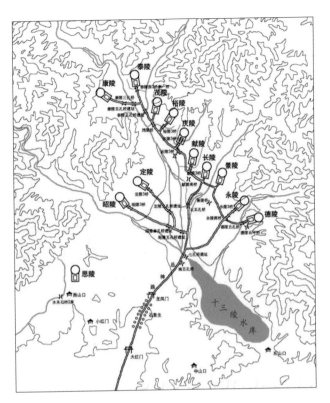

图 5-14　明十三陵总平面图

明孝陵、明十三陵视频，明十三陵简介

（2）明十三陵。

明十三陵坐落于北京市昌平区天寿山麓，总面积120余平方千米（图5-14）。自明永乐七年（1409年）始作长陵后的230多年，先后修建了十三座皇帝陵墓、七座妃子墓、一座太监墓。

明十三陵总体布局特色为"利用自然，共用神道"，陵区东、西、北三面山峦环抱，以长陵为中心分布在周围的山坡上，每陵占一山趾，其陵门、享殿（祾恩殿）、明楼的布置，大体参照长陵制度，但尺度较小。

陵区入口起点石牌坊遥对天寿主峰；为使左右远山的体量在视觉上大致均衡，神道略近体量小的山峦而距大者稍远；神道上设置石牌坊、大红门、华表、碑亭、石像生、棂星门等。

各陵单体特点，陵体由方形改为圆形，称为"宝顶"；取消寝宫，扩大祭殿；陵园的围墙从方形改为长方形，在南北轴线上布置三个院落，更接近于宫殿建筑。

06

近现代中国建筑

了解近现代中国建筑发展历程和思潮，理解中西方建筑文化碰撞所产生的建筑理念及其对中国近现代城市建设的影响，掌握复古思潮、折中主义、现代主义对我国建筑设计的影响，掌握我国近现代建筑学教育体系。

6.1 中国近代建筑发展概述

中国近代建筑（1840—1949 年）处于承上启下、中西交织、新旧接替的过渡时期，建筑形式和建筑思想十分复杂，既有延续下来的旧体系，又有输入和引进的新体系，因此，出现了中与西、新与旧、民族化与近代化错综复杂的交织情况。旧体系建筑数量上占据优势，除了局部的改进外，整体风格缺少新的变化。中国近代建筑的风格发展主要反映在新体系建筑中。新体系建筑的外来形式和民族形式两条演变途径构成了中国近代建筑风格的发展主流。

6.2 中国近代建筑形式与设计思潮

6.2.1 折中主义的西式建筑

折中主义出现的两个途径：① 被动输入，主要在资本主义列强的侵略下展开，在被动开放地段；② 主动输入，中国业主和中国建筑师设计建造"洋房"。早期流行欧洲古典式建筑的"殖民地式"的"外廊样式"。

上海汇丰银行（图 6-1），1925 年由英商公和洋行设计建造。建筑为 5 层钢框架结构，平面接近正方形，立面采用严谨的古典主义手法，中部有贯穿 2 ~ 4 层的仿古罗马科林斯双柱式结构，顶部为钢结构的穹顶，内部多为大理石装饰，富丽堂皇。

天津劝业场，由法国建筑师慕乐和设计，于 1928 年建成，是当时天津的标志性建筑。主体 5 层，局部 7 层，转角处有两层八角塔楼，上立圆亭，再覆穹顶，形成建筑构图中心。构图完美、杂而不乱，是高水平的折中主义作品（图 6-2）。

图 6-1　上海汇丰银行

图 6-2　天津劝业场

近代中国城市建设、近代中国建筑发展历程简介

6.2.2 传统复兴的中式建筑

中西交汇的建筑模式可概括为两大类：中国传统的旧体系建筑的洋化；外来的新体系建筑的本土化。

传统复兴建筑在中式的处理上差别很大，可概括为三种设计模式：仿古做法的宫殿式；折中做法的混合式；新潮做法的以装饰为特征的现代式。

（1）宫殿式。

这类建筑尽力保持中国古典建筑的体量关系和整体轮廓，保持台基、屋身、屋顶的三段式构成，整个建筑没有超越古典建筑的基本体形。中央博物院、民国上海市政府大厦、国民党中央党史史料陈列馆旧址都属于这一类。

国民党中央党史史料陈列馆旧址，杨廷宝设计，1936年落成。该建筑坐北朝南，底层为办公室、会议室和史料库房，二、三层为陈列室。陈列室采用钢筋混凝土结构，库房采用特制防火钢门和空气调节设备。内部装修采用菱花门窗、天花藻井、沥粉彩画，外观为重檐歇山宫殿式建筑，庄重宏伟。选址在南京中山门内，明故宫西侧，以明故宫为中轴，与国民党中央监察委员会办公楼旧址对称布置。群众俗称"西宫"。

（2）混合式。

这类建筑突破中国古典建筑的体量关系和整体轮廓，不拘泥于台基、屋身、屋顶的三段式构成，建筑体形由功能空间确定，墙面大多摆脱构架式立面构图，代之以砖墙承重的新式门窗组合，外观为西式的基本体量与能表达中国式特征的附加部件（如大屋顶）的综合。上海市图书馆、上海市博物馆、南京中山陵（图6-3）、南京中央体育场旧址（图6-4）是这一类建筑的代表。

南京中山陵，由陵墓样稿得奖者、著名建筑师吕彦直设计施工，位于南京紫金山南坡，主体建筑面积6684 m²。整座中山陵由墓道和陵墓组成，结合山势，运用石碑、陵门等陵墓要素，以大片绿化和平缓台阶连缀建筑个体，雄伟、庄严、肃穆。主体建筑祭堂汲取中国古典建筑手法，成为中国近代建筑中现代技术与民族化相结合的起点。

图6-3　南京中山陵

图6-4　南京中央体育场旧址（1931年建）

（3）以装饰为特征的现代式。

20世纪30年代初，一种向国际化过渡的具有装饰艺术倾向的作品和国际化作品通过外国建筑师的设计传入中国，产生了仿装饰艺术做法的设计，即在新建筑的基础上，适当辅以中式的细部装饰。该类建筑以一种民族特色的标志符号出现，摒弃了大构件的传统样式。近代的中国建筑师很有成效地进行了探索和实践，中央医院旧址、国民政府外交部旧址、南京人民大会堂、上海沙逊大厦（图6-5）、上海江湾体育场等，都是这方面的著名实例。

图6-5　上海沙逊大厦

6.2.3 现代建筑的起步

20世纪30年代，中国建筑师开始导入现代派的建筑理论，把装饰艺术样式和国际式统称为现代式，并积极参与现代式的新潮设计，其中装饰艺术样式占大多数，但也不乏准国际式。

华盖建筑师事务所在这方面表现最为活跃，其中，原大上海大戏院、原上海恒利银行等，在中国建筑师设计的现代式建筑中有较大影响。奚福泉设计的上海虹桥疗养院旧址完全以功能为中心，没有任何与构造无关的装饰，十分简洁、醒目、新颖，建筑的功能性和时代性都得到了充分的展现。梁思成设计的北京大学女生宿舍，范文照设计的协发公寓与上海美琪大戏院，李景沛设计的上海广东银行大楼等，都是对现代式的探索与实践。

6.3 中国近代建筑教育及理论研究

1905年，我国开始向欧美和日本派遣建筑学留学生。其中，美国宾夕法尼亚大学建筑系最具影响力，如梁思成、杨廷宝、林徽因等宾夕法尼亚大学留学生成了中国近代建筑教育、建筑设计和建筑史学的奠基人和主要骨干。

1923年，苏州工业专科学校设立建筑科，迈出了中国人创办建筑学教育的第一步。由柳士英发起，沿用日本的建筑教学体系，学制三年。1927年，苏州工业专科学校与东南大学等校合并为国立第四中山大学，1928年5月定名为国立中央大学，这是中国高等学校的第一个建筑系。

1928年，东北大学工学院、北平大学艺术学院也开设了建筑系。东北大学工学院建筑系由中国建筑史学家、建筑师、城市规划师和教育家梁思成创办，教授均为留美学者，学制四年。北平大学艺术学院建筑系的创办起于院长杨仲子，基本上沿用法国的建筑教学体系，学制四年。

1944年，由梁思成主持编撰的《中国建筑史》正式出版。该著作第一次把中国建筑史学纳入了系统科学研究的领域，以历史文献与实例调查相结合的方法，揭示了中国古代建筑的设计规律、技术要点，总结出中国建筑的成就和各时代的主要特征，使中国建筑史从蒙昧走向科学，形成一门独立学科。

1946年，梁思成创设清华大学建筑系，任系主任，他出国考察一年多，回国后提出了"体形环境"设计教学体系，将建筑系改名为营建系，下设建筑学和市镇规划两个专业，课程分为文化及社会背景、科学及工程、表现技巧、设计课程、综合研究五部分，加设社会学、经济学等选修课程（图6-6）。

《梁思成林徽因》视频，梁思成、中国近代建筑教育简介

图6-6　梁思成在授课

6.4 中国现代建筑发展概况

中国现代建筑泛指20世纪中叶以来的中国建筑。从中华人民共和国成立以来，我国建筑经历了百废初兴、复兴与探索和设计革命等，建筑学习苏联式、发扬民族式、吸收现代国际式，建筑设计思潮百花齐放。

6.4.1 三种历史主义的延续与发展

20世纪50年代，爱国主义与民族传统相结合，产生了一大批从历史主义传统中发掘建筑语言并完成的建筑设计作品。重庆人民大礼堂，1952—1954年建造，建筑总面积2.5万平方米，张嘉德设计。会堂中部为圆形，直径46m，冠以三重檐宝顶。堂前为重檐歇山楼，另有方形及八角形重檐尖亭各两座，以长廊相连。整座建筑体量庞大，雄伟壮观（图6-7）。

图6-8 北京和平饭店

图6-7 重庆人民大礼堂

6.4.2 新的探索

复古主义创作中也有探索，但步伐较小。后来有人进行了更多的探索，既有对特定的环境的探索，也有对设计意义的探索。

北京和平饭店，1952年建成，杨廷宝设计。钢筋混凝土框架结构，建筑面积8500m²。整个建筑采用现代建筑设计手法，功能分区合理，保留古树，巧妙利用空间，被誉为"中国当代建筑设计的里程碑"（图6-8）。

北京儿童医院，1952年建成的第一期工程，华揽洪和傅义通主持设计。该建筑功能布局合理，造型朴实，平屋顶角部略有起翘，栏杆上简约点出中国传

图6-9 北京儿童医院

统纹样，略带传统建筑的神韵。山墙错落开窗，烟囱、水塔合二为一，显示了设计思想的进步（图6-9）。

6.4.3 具有纪念性和民族性的建筑作品

20世纪50年代以后的建筑作品的特点：一是立意上突出表现新中国成立的伟大意义，具有明显的纪念性；二是在形式创造上借鉴传统的设计方法，具有明显的民族性。如新中国成立十周年的十大建筑有人民大会堂、中国革命历史博物馆、中国人民革命军事博物馆、全国农业展览馆、北京民族文化宫、北京火车站、北京工人体育场、钓鱼台国宾馆、北京民族饭店、北京华侨大厦。

人民大会堂，位于天安门广场西侧，总建筑师为张镈，方案设计者为赵冬日、沈其。1959年10月竣工，立面采用中国传统建筑三段式的构图，并纵分为五段，中部稍高，主次分明。整体造型雄伟壮丽，富有民族风格（图6-10）。

北京民族文化宫，张镈设计，1959年建成。平面布局呈"山"字形，东西宽185.78m，南北长105m，白色墙体，绿色琉璃瓦屋顶，融现代建筑与传统民族风格于一体，造型优美。中央塔楼高67m，上部为绿色琉璃瓦重檐四角攒尖顶，是当时的高层建筑对民族形式的一次尝试（图6-11）。

6.4.4 改革开放时期的建筑作品

改革开放解除了设计思维的禁锢，带来了域外建筑文化的交流与结合，设计实践的机会大大增加，规模得以扩大，中国的建筑设计水平迅速提高，中国建筑的多元化格局逐步呈现。

该时期的优秀建筑作品有曲阜阙里宾舍（图6-12）、锦州辽沈战役纪念馆、广州白天鹅宾馆、北京国家奥林匹克中心体育馆、上海东方明珠广播电视塔、侵华日军南京大屠杀遇难同胞纪念馆、北京香山饭店（图6-13）等。

图6-10 人民大会堂

图6-12 曲阜阙里宾舍

图6-11 北京民族文化宫

图6-13 北京香山饭店

07

古埃及建筑和两河流域建筑

7.1 古埃及建筑

人类最初的文明与古老的河流密切相关，丰富的水源为人类提供了繁衍生息的基本条件。位于非洲东北部尼罗河两岸的埃及，依靠尼罗河成了最早步入文明的古国之一。古埃及在 5000 年前为世界留下了众多规模宏大的金字塔和神庙，也是人类有史以来建造的第一批巨型建筑。

大约在公元前 3300 年，这一地区逐渐形成了两个王国，一个位于南部尼罗河上游被沙漠包围的河谷地带，称为上埃及；另一个位于北部尼罗河下游宽阔的三角洲地区，称为下埃及。公元前 3100 年左右，下埃及被上埃及征服，建立了统一的古埃及王国，首都在孟菲斯。

埃及气候炎热，树木稀少，早期建筑多采用土、木等材料，后向石材发展。为了防热，建筑的墙壁和屋顶做得极厚，并向上向内倾斜，窗洞小而少。在君主制度和祭祀制度下，古埃及将建筑与艺术、宗教、社会生活等结合，在陵墓和神庙的装饰、绘画、雕刻方面追求震慑人心的艺术力量。

1. 早王朝时代的建筑

第一、第二王朝的法老陵墓，将墓室上方填高并建筑石室坟丘，其外形犹如一个巨大的长方形石凳子，后来更向上层层递进成为阶梯形式，阿拉伯人称其为"玛斯塔巴"（图 7-1）。

下埃及的墓室由阶梯穿到地下，在地下开凿横穴成为墓穴，并且都设有埋葬后自动封闭墓穴的机关。上埃及的坟墓和神庙都对下埃及产生了影响。这些陵墓都包括墓室和祭祀厅堂两部分。

2. 古王国时代的建筑

古王国时代主要包括第三至第六王朝，是古埃及真正统一的时代。随着中央集权国家的巩固和强盛，古埃及越来越刻意强调对皇帝的崇拜，用永久性材料——石头来建造皇帝陵墓，在不断探索中形成了多层金字塔，第一座石头金字塔是卡萨拉的昭赛尔金字塔。

（1）昭赛尔金字塔群。

昭赛尔（Zoser）金字塔大约造于公元前 3000 年（图 7-2）。这个金字塔最初是平面面积 63m^2、高度 8m 的石室，经过五次扩建，最终成为底平面 121m×109m、高度 60m 的六层阶梯式金字塔。金字

古埃及文明的面纱视频，古埃及地理位置简介

图 7-1　玛斯塔巴示意图

图7-2　昭塞尔金字塔

砌成的，外面贴了一层磨光的灰白色石灰石板。在吉萨金字塔群近旁还坐落着埃及著名古迹狮身人面像（图7-5）。

在吉萨金字塔群中，胡夫金字塔因令人惊奇的精确性和体量巨大而广受世人关注。胡夫金字塔异常完整而宏伟，底边长230.4m，最初高度为146m。正方形底边误差仅20cm，且底边的水平误差不超过2cm。就建造的精准性而言，直到近代建筑出现之前，它一直是世界之最。

昭塞尔金字塔简介，埃及金字塔、吉萨金字塔视频

塔中央有一个底平面7m×7m、深28m的竖穴，穴底有用花岗石建造的墓。金字塔中有许多阶梯和迷宫般的地下走道，另外还有11个竖穴，大概是为家族而建造的。

昭塞尔金字塔建筑群的入口设在围墙东南角，从这里进入一个狭长黑暗的甬道，走出甬道，就是院子，明亮的天空和金字塔同时呈现在眼前。这种处理手法给人从现世走到了冥界的假象。

（2）吉萨金字塔群。

公元前2600—前2500年，古埃及在三角洲的吉萨（Giza）造了三座大金字塔（图7-3），分别是胡夫（Khufu）金字塔（图7-4）、哈弗拉（Khafra）金字塔和门卡乌拉（Menkaura）金字塔，形体均呈立方锥形。三座金字塔都是用淡黄色石灰石砌块

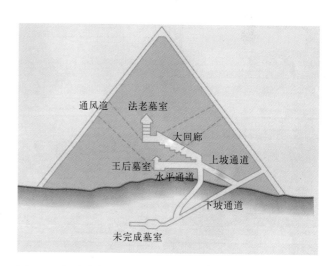

图7-4　胡夫金字塔剖面图

图7-3　吉萨金字塔群

图7-5　胡夫金字塔与狮身人面像

3. 中王国时代的建筑

第六王朝时期，古埃及在修建金字塔这样宏大的工程中耗尽国库，长期稳定的统治局面开始动摇，国家陷入了近百年的分裂状态。公元前2040年，统治上埃及底比斯的第十一王朝法老曼都赫特普二世重新统一了上埃及和下埃及，把底比斯设为首都，古埃及进入了中王国时期。

中王国时代的典型建筑是崖窟墓。由于底比斯周围河谷狭窄，两侧悬崖峭壁，不再适合金字塔的修建。法老效仿当地贵族在山岩上开凿石窟作为悬崖墓室，墓室外还有大规模的祭祀殿堂。这种岩窟墓是将山岩的斜面削平造出前庭，正面开门，门前常作柱廊，门内设长廊连接前后两厅，在后厅的后墙设置礼拜堂。后厅地板下有隐秘的阶梯、走道、竖穴等，都处于更深的地下层。墓的前庭设走道延伸至河岸，河岸神殿往往采取简化样式。

（1）曼都赫特普三世墓。

曼都赫特普三世（Mausoleum of Mentu-Hotep Ⅲ）的陵墓建造在一处高约300m的红色山崖前，墓前建造了规模宏大的祭祀殿堂，它开创了古埃及帝王陵墓的新形制（图7-6）。陵墓朝向东方，一条两侧站有狮身人面像的石板路通向一个宽阔的封闭庭院，再由长长的坡道延伸至一个平台。平台前沿是一层柱廊，平台的中央留有建筑的痕迹，建筑的四周建有柱廊。这座建筑是一座有金字塔式屋顶的祭堂，表明其受到了早期金字塔陵墓的影响。最后面则是一座从山岩里开凿出的有80根柱子的大厅，这是已知最古老的多柱式大殿。

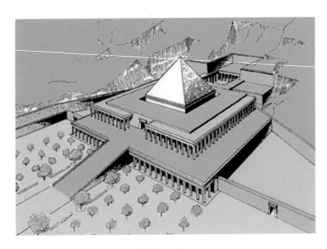

图7-6　曼都赫特普三世墓复原图

（2）哈特什帕苏墓。

公元前1470年，埃及历史上第一位女王哈特什帕苏（Hztshepsut）在西底比斯那座五百多年前中王国的缔造者曼都赫特普陵墓旁建造了一座样式相似，但规模和气派远胜一筹的新陵墓，使之成了新王国时期最宏大的陵墓建筑之一（图7-7）。墓地前有一条两旁站立着密布的狮身人面像的长长大道，从尼罗河河畔一直延伸到大院门口，入门之后是一个巨大的庭院，庭院的尽头建有柱廊，柱廊中央有一条长长的坡道通向平台。墓地造型十分简洁。

图7-7　曼都赫特普墓和哈特什帕苏墓

4. 新王国时代的建筑

公元前1550年，在第十八王朝（公元前1550—前1307年）统治者的带领下，古埃及将敌人逐出，结束了社会动荡的状态，开始了埃及历史上最强大的新王国时代。新王国时代是古埃及人对神的崇拜达到顶峰的时期。底比斯人掌握了新王国政权以后，将地方神"阿蒙"与全埃及人都崇拜的太阳神合二为一，称为埃及的国神。君主被神化为阿蒙之子而受到极大崇拜。所以，太阳神庙是新王国时代最重要的建筑类型，此时用于支撑结构的柱式也趋于成熟和多样化。

底比斯的卡纳克阿蒙神庙是新王国时代最大、最重要的神庙建筑，是新王国历代法老向至高无上的阿蒙神献祭的崇高圣地。这座神庙始建于中王国时代，经过前后一千多年的建设，终于成了世界上最为雄伟壮观的一座神庙建筑（图7-8）。

神庙建筑群总平面呈梯形，周长超过2000m，四周建有高大的围墙，神庙主体建筑全长366m，宽110m，西面朝向尼罗河。神庙内最重要的建筑是由拉美西斯二世建造的著名的多柱大殿。这是一座令人叹为观止的巨型结构建筑，大殿内部密排着 134 根柱子，其中中间两排 12 根纸草束茎式圆柱，高 12.8m，直径 2.74m。中央石柱上架设着 9.21m 跨度的石梁，重达 65t。中央两排柱子比较高是为了形成采光窗口，可以想象，当微弱的阳光透过窗格游入石林般的大殿时，会是怎样神秘的景象（图 7-9—图 7-12）。

从金字塔、崖窟墓到太阳神庙，可以看出古埃及的陵墓建筑经历了从重视外部宏大的空间造型到重视室内神秘压抑的空间环境的变化，展示了古埃及近 3000 年宗教、社会、经济的发展和变迁。古埃及建筑由于强调纪念性，往往采用对称布局，体量宏大，主要用石材建造，表现出重复、韵律和秩序感。金字塔建筑和各种雕刻都体现了几何学在其中的使用，基于坚定的宗教信仰，古埃及的艺术风格数千年都保持着难以置信的固定性。

图 7-8　现存的卡纳克阿蒙神庙

图 7-9　神庙中的方尖碑[1]

图 7-11　阿蒙神庙柱体纹样

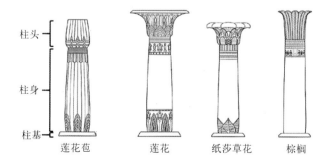

柱头　柱身　柱基

莲花苞　莲花　纸莎草花　棕榈

图 7-10　古埃及柱式

图 7-12　阿蒙神庙中的柱头形制

---

[1]　方尖碑：古埃及的一种建筑杰作，也是除金字塔以外，古埃及文明最富有特色的象征。方尖碑外形呈尖顶方柱状，由下而上逐渐缩小，顶端形似金字塔尖，以金、铜或金银合金包裹。当太阳照到碑尖时，它像耀眼的太阳一样闪闪发光。碑尖一般以整块花岗岩雕成，重达几百吨，四面均刻有象形文字。

7.2 两河流域建筑

两河流域文明又称美索不达米亚文明或两河文明，是指在底格里斯河和幼发拉底河之间的美索不达米亚平原所发展出来的文明，是西亚最早的文明。两河流域文明主要由苏美尔、阿卡德、巴比伦、亚述、波斯等文明组成。两河流域建筑发展时期如表7-1所示。

表7-1　两河流域建筑发展时期

时期名称	时间
苏美尔帝国／阿卡德帝国时期	公元前3500—前2000年
古巴比伦帝国／亚述帝国时期	公元前1900—前1600年
新巴比伦帝国时期	公元前612—前539年
波斯帝国时期	公元前538年

两河流域是世界上文化发展最早的地区，发明了第一种文字——楔形文字，建造了第一座城市，编制了第一种法律，发明了第一个制陶器的陶轮，制定了第一个七天的周期，为世界留下了大量的远古文字记载材料。除了有丰富的文化遗存外，两河流域还有着3000多年的两河流域文明，其建筑遗存的体量及艺术价值可以与古埃及并肩。

古代两河流域文明视频

从建筑类型来看，两河流域建筑以宗教建筑和宫殿建筑为主。苏美尔人崇尚神权至高无上的地位，所以山岳台等宗教建筑在早期备受推崇。阿卡德时期君主权力居高，为了突显其地位，故多建造象征权力的宫殿建筑；亚述时期的宫殿分布类似于传统民居，中央庭院周围环绕房屋，分布零散，呈非对称特点。新巴比伦时期则更为重视城市其他公共设施的规划与建设。

从建筑材料方面来看，早期苏美尔建筑均以土坯、泥砖为主；随着权力中心北移，亚述时期的建筑开始在墙面上以石料贴面，创造了精美绝伦的装饰雕刻艺术；新巴比伦时期的建筑在此基础上发展了彩釉瓷砖浮雕贴面。

7.2.1　两河流域建筑特点

两河流域建筑有以下特点。

① 主体建筑：在波斯帝国之前庙宇与世俗建筑并重；之后以世俗建筑内容为主体，风格奢华。

② 建筑分区：功能分区明确，重视院落。

③ 空间序列：无明显的纵向轴线空间，平面布局相对自由。

④ 建筑结构：因缺石少木，主要建筑材料为土材，重要建筑设置石柱。

⑤ 高台建筑：重要建筑（如宫殿）皆设置高台，墙体较厚，增强防御功能。

⑥ 建筑材料：主要以石料贴面或用琉璃砖保护墙面，使材料、结构、构造与造型有机结合，创造出一套完整的建筑材料体系。陶钉、贴面砖、琉璃砖和石雕得以广泛应用。

7.2.2　两河流域建筑形制

1. 高台建筑——山岳台

山岳台实为观象台，是苏美尔人因对天体和山体的崇拜而建的多层塔式建筑，主要用于观测星象。山岳台是一种用土坯砌筑或夯土的高台，一般为7层，自下而上逐层缩小，有坡道或者阶梯逐层通往台顶，顶上有一间不大的神堂（图7-13）。公元前3000年，几乎每个城市的主要庙宇都有一个或者几个山岳台或者天体台。残留至今的乌尔观象台是夯土的，外贴一层砖，砌着薄薄的凸出体，总高约21m（图7-14）。

2. 王宫——萨艮二世王宫

萨艮二世王宫（公元前722年—前705年）位于伊拉克北部豪尔撒巴德，是亚述皇帝撒艮二世的宫殿。该城建立在古老村庄台地之上，周围有一圈带塔楼的城墙。平台高18m，边长300m，占地面积近2.6km²，是亚述最伟大的建筑之一。

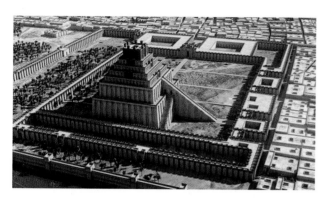

图7-13 古代都城中的山岳台复原图

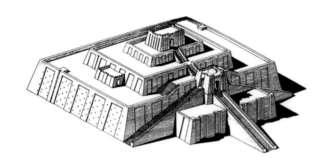

图7-14 乌尔观象台示意图

图7-15 萨艮二世王宫带翼人首公牛身神兽雕刻

图7-16 亚述宫殿墙面浮雕

  宫殿分区明确，多院落组合；王宫周围环绕着数个院落，各院并不按中轴线排列，而是安排得错落有致。宫殿采用土坯墙体，厚3～8m，屋顶为拱形；有墙裙，大量使用贴面，甚至用到金银装饰墙体，异常绚烂辉煌。大门采用石砌拱券，青铜门扇。正中间的建筑特别雄伟，两边有高高的碉楼，碉楼基部用石头雕刻着带翼人首公牛身神兽（五腿兽）（图7-15）。萨艮二世王宫主要建筑物的室内外都装饰着大面积叙事性浅浮雕（图7-16），原先都是上色的，且宫殿建筑本身也是用色彩来装饰的。

  王宫里有许多建筑饰以着色的浮雕、壁画和彩色琉璃砖。例如著名的亚述浮雕，这种浮雕可用于巨大的石板上，镶嵌于庭院屋宇墙壁之下，多表现国王出征、狩猎和宫廷日常生活等题材。这些浮雕中刻画人物的技法比较呆板和拘谨，唯有动物表现得尤为生动逼真。

萨艮二世王宫简介

7.2.3 两河流域建筑实例

1. 新巴比伦城

公元前 612 年，亚述帝国结束统治，遗产被新巴比伦王国及米底王国瓜分，其中新巴比伦王国分取了亚述帝国的西半，即两河流域南部、叙利亚、巴勒斯坦及腓尼基。新巴比伦王国最有名的统治者是尼布甲尼撒二世，是新王国的实际巩固者。他征服了耶路撒冷并将大批犹太人押解到巴比伦，对巴比伦城进行了大规模重建。

（1）新巴比伦城的城市设计。

新巴比伦城是在原巴比伦城的基础上扩建的，平面近似长方形，边长约 1300m（图 7-17）。城西侧是著名的空中花园，约 275m×183m。"巴比伦"一词原意为"诸神之门"。考古发现该城的布局成网格状，说明是经过整体规划的。整个城市由双城墙环绕，幼发拉底河自北向南穿城而过，将城区一分为二。城内建有民房、神庙、宫殿、要塞，墙外掘有宽阔的护城河，河上可以通航。

图 7-17　新巴比伦城

内城的入口就是著名的伊什塔尔门（约公元前 575 年）。这座大门整体构图和萨艮二世王宫相似，也是两座高耸的碉楼夹着一个拱门。新巴比伦的城墙被希腊人称为是世界七大奇观之一，以蓝色为底色，其上装饰着黄色的龙与公牛的浮雕图样。在全城的 300 多座塔楼中，只有伊什塔尔门奇迹般地保存至今（图 7-18）。

图 7-18　伊什塔尔门（现存于柏林国家博物馆）

（2）巴比伦空中花园。

世界七大奇迹之一的巴比伦空中花园，就处于新巴比伦城中，它是尼布甲尼撒二世为他的王后所建造的高台园林。考古发现，这也是一座高台建筑，在层层堆叠而起的台地之上，种植着奇花异草，并通过各种机械设施把水送到高台的顶端灌溉植被。巴比伦空中花园无论是在规模方面还是技术方面都达到了古代社会建筑发展的高峰（图 7-19）。

图 7-19　巴比伦空中花园想象图

巴比伦空中花园为立体结构，有 7 层，由列柱支撑，高达 25m，底层以石块为基，上面铺设掺有芦苇和沥青的土砖，土砖上盖铅板，铅板上再堆置泥土，上面种满了奇花异草，绿树成荫。花园还有完整的灌溉系统，取城外不远处的幼发拉底河河水进行灌溉（图 7-20）。

图 7-20 空中花园现存遗址

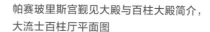
帕赛玻里斯宫觐见大殿与百柱大殿简介，
大流士百柱厅平面图

2. 帕赛玻里斯宫

伊朗高原西南部地区的波斯人是美索不达米亚文明的继承者，也是西亚文明、爱琴文明和埃及文明的集大成者。波斯人曾创立横跨亚非欧的伟大帝国。

波斯帝国时期最著名的是大流士一世起建造的帕赛玻里斯宫，也称波斯波利斯宫（公元前 518 年—前 450 年）（图 7-21、图 7-22）。建筑群依山而建于一座大平台上，布局整齐，但无轴线对称关系。墙虽为土坯砌造，但表面贴有黑白色大理石和琉璃面砖，内部布满色彩鲜艳的壁画和精美的浮雕雕刻。宫殿大体分为三个区域：北部是两个典仪性的大殿；东南是财库；西南是后宫，三者之间以一座"三门厅"作为枢纽。帕赛玻里斯宫是一座功能性、纪念性和礼仪性完美结合的宫殿。

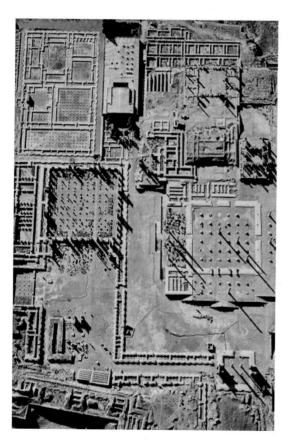

图 7-21　帕赛玻里斯宫残骸

图 7-22　帕赛玻里斯宫的"万国门"遗址

7.3 古埃及和两河流域时期的建筑装饰艺术及家具风格

7.3.1 古埃及建筑装饰艺术及家具风格

古埃及建筑装饰风格简约、雄浑，以石材为主，柱式是其风格之标志，柱头如绽开的纸草花，中间有线式凹槽、象形文字、浮雕等，下面有柱础盘，古老而凝重。

古埃及建筑装饰多采用动物造型以及正面率[1]的人物形象（图7-23），色彩丰富艳丽，以钴蓝色、金黄色、砖红色、黑色为主（图7-24、图7-25）。

图7-25　古埃及柱子的纹样和色彩

图7-23　古埃及神庙建筑内部的正面率壁画

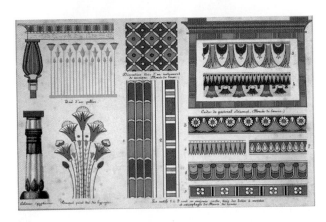

图7-24　古埃及建筑装饰纹样及色彩

古埃及人有垂足而坐的习惯，用进口木材制作的板凳是常见的家具，而作为财富和权威象征的椅子则会被装饰得十分精美繁复。除了坐具外，低矮的床和箱柜也是当时比较重要的家具（图7-26）。古埃及家具造型以对称为原则，比例合理，装饰手法丰富，常采用朝同一方向的动物腿形作家具腿部造型，如狮爪足（图7-27）、公牛腿，充分显示了人类征服自然界的勇气和信心，同时也充分体现了使用者的权威与地位。古埃及家具设计强调装饰，多使用金银、宝石、象牙等。此外，在家具上覆盖刺绣品也是当时常用的装饰手法（图7-28）。

---

[1]　正面率（camber）：也叫侧身正面率，这是埃及绘画和浮雕中最典型的造型方式。古代埃及艺术家的任务不是把所见到的情景如实地描绘下来，而是基于永恒的信念，保留人的精神面貌，遵循正面率的原则：头部为侧面，眼睛为正面，肩、胸上半身为正面，腰部以下为侧面。通过人物的尊卑来安排比例大小和构图位置，用水平线来分割画面。

图 7-26　古埃及床榻复原

图 7-27　狮子腿的板凳

7.3.2　两河流域建筑装饰艺术及家具风格

两河流域下游古代建筑最具影响力的是它的装饰艺术。

公元前 4000 年时，人们为了保护墙体不受暴雨侵蚀，常会趁土坯还潮软的时候，在一些重要建筑物的重要部位插入圆锥形陶钉，以增加砌体的强度。陶钉紧密挨在一起，底面被涂上红、白、黑三种颜色，组成图案。陶钉底面样式繁多，有花朵形、动物形等，为建筑表面装饰了大面积色彩。

公元前 3000 年后，更易于施工的沥青代替陶钉成了保护墙面的主要材料，沥青的外面贴着各色石片和贝壳，构成了斑斓的装饰图案。此外，琉璃砖的发明也大大提高了土墙的保护力度，它防水性能好，色泽美丽，又无须像石片和贝壳一样在自然界采集，因此逐渐成了该地区最重要的饰面材料。

由大量模制生产出来的琉璃砖（图 7-29），小块拼镶施工，平面感很强，适用于土坯墙建筑的结构。少数题材反复使用、构图图案化、不作写实背景、不表现空间是这一时期建筑装饰的特点。

图 7-28　古埃及座椅

图 7-29　王宫里的琉璃砖铺装艺术

受时间和地理条件等因素的影响，两河流域时期留存于世的家具甚少，我们只能从建筑艺术和其他相关艺术（如雕刻装饰艺术（图 7-30））中推测其家具风格的发展过程。

图 7-30　精妙绝伦的雕刻装饰艺术

08

古希腊建筑与
古罗马建筑

了解古希腊建筑发展时期；掌握古希腊庙宇形制；掌握古希腊三大柱式；掌握雅典卫城布局及其主要建筑；掌握古罗马建筑材料及券拱技术；掌握古罗马古典五柱式以及柱式的发展；掌握古罗马万神庙和大角斗场建筑特点。

8.1 古希腊建筑

古希腊是欧洲文化的发源地，古希腊建筑是欧洲建筑的先河。古希腊建筑发展可分为以下时期（表8-1）。

表 8-1　古希腊建筑发展时期

时期名称	时间
荷马时期（英雄时期）	公元前 12—前 8 世纪
古风时期（大移民时期）	公元前 7—前 6 世纪
古典时期	公元前 5—前 4 世纪
希腊化时期	公元前 4 世纪末至公元前 2 世纪

8.1.1　古希腊建筑特色

在古希腊共和制城邦里，人们在圣地最突出的地方建立庙宇，庙宇是公众朝圣、欢聚的中心。早期的庙宇只有一间圣堂，由木构架和土坯墙组成，并在周围搭一圈棚子用来遮雨，因此形成柱廊。后来用石头建造庙宇，用石材代替柱子、檐部，从木构架过渡到石梁柱结构，也保留了围廊形制。

古希腊公共建筑、赫拉庙简介

庙宇的典型形制是围廊式，柱子、额枋和檐部的艺术处理基本决定了庙宇的面貌。公元前 6 世纪，柱子、额枋和檐部的形式、比例与组合关系等，形成了稳定的成套的做法，被称为"柱式"。它们分别是多立克柱式、爱奥尼柱式和科林斯柱式（图8-1）。

柱式不仅具有象征意义，而且逻辑严谨，承重构件与装饰构件清晰分明、一目了然。

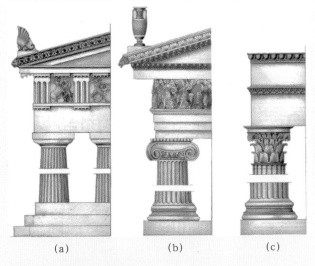

图 8-1　古希腊三大柱式
（a）多立克柱式；（b）爱奥尼柱式；（c）科林斯柱式

8.1.2　古希腊建筑实例——雅典卫城

雅典卫城是世界新七大奇迹之一，原意为"高丘上的城邦"。雅典卫城建立在雅典城中央一个孤立的山冈上。雅典卫城的建设是为了盛赞保护神雅典娜[1]，建立一个全希腊宗教和文化的中心，因此，雅典卫城达到了古希腊圣地建筑群、庙宇和柱式的最高水平。

雅典卫城主要由四部分组成：帕特农神庙、伊瑞克提翁神庙、山门和胜利神庙。卫城建筑群总负责人是雕刻家费地。

帕特农神庙位于卫城最高点，体量最大，造型庄重，主体地位突出，其他建筑都处于陪衬地位。帕特农神庙是供奉雅典娜女神的最大神殿，此前还供奉着一尊高达12m的雅典娜女神的雕像。神像设计灵巧，可以移动。帕特农神庙是希腊本土最典型的多立克围廊式神庙，形制隆重，雕刻丰富，色彩华丽，有"希腊国宝"之誉，已有约4000年历史（图8-2）。

帕特农神庙北面是伊瑞克提翁神庙，这座神庙是古典盛期爱奥尼克柱式的代表。其建立在一块高低不平的高地上，因此，神庙形体不对称且呈复合式，建筑设计精巧，装饰虽繁复，但色彩素雅。伊瑞克先神庙各立面变化很大，构图自由活泼，形式奇特，女像柱是它的特色（图8-3）。

山门是卫城的入口，采用不对称形式。正面高18m，侧面高13m。主立面采用多立克柱式。内部采用爱奥尼柱式，装饰华丽，是雅典卫城的首创。北翼是展览室，南翼是敞廊，两翼体量较小，使山门更加壮观（图8-4）。

雅典卫城、帕特农神庙视频

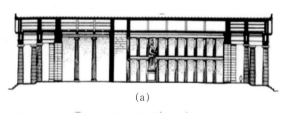

(a)

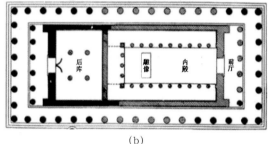

(b)

图8-3 伊瑞克先神庙女像柱

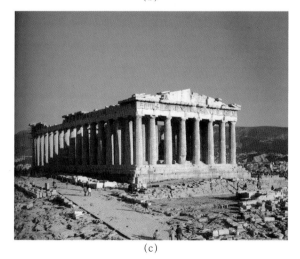

(c)

图8-2 帕特农神庙平面图、剖面图和实景图
(a) 平面图；(b) 剖面图；(c) 实景图

图8-4 卫城山门

[1] 雅典娜：也称帕拉斯·雅典娜，是古希腊神话中的智慧女神，奥林匹斯十二主神之一，司掌智慧、战争、工艺。雅典因她而命名，供奉她为保护神。

胜利神庙在山门右前方，体量很小，台基面积 5.38m×8.15m。胜利神庙有一个爱奥尼门厅，分前庙、正庙和后庙。胜利神庙东面有一个执盾的雅典娜神像浮雕。檐壁上的浮雕和基墙上1m高的女儿墙外侧的浮雕题材都取自反波斯侵略战争的场面（图8-5）。

雅典卫城的主要建筑特点如下：① 以希腊半岛上盛产的大理石为建筑材料，高度发展了石梁柱结构；② 建筑类型除神庙外还创造了各种公共建筑；③ 建筑群体布局善于利用地形，布局形式自由；④ 建筑单体平面简单，风格成熟，里面大量采用视差校正法；⑤ 建筑装饰精美，雕刻艺术与建筑艺术融为一体；

图 8-5　胜利神庙

⑥ 形成成熟的古希腊柱式。

露天剧场和室内会堂是古希腊时期公共建筑的集大成者，如埃比道鲁斯剧场和麦加洛波里斯大会堂。古希腊晚期还采用了新形制的集中式纪念性建筑物，如奖杯亭（图8-6）。

图 8-6　奖杯亭

8.2　古罗马建筑

8.2.1　古罗马建筑概况

西方谚语有云："荣光归于希腊，伟大归于罗马。"

古罗马包括今天的意大利半岛、西西里岛、希腊半岛、小亚细亚、北非、西亚西部和西班牙、法国、英国等地。罗马本是意大利半岛中部西岸的小国家，在公元前3世纪征服全意大利，公元前146年消灭了希腊，公元前30年建立罗马帝国。1—3世纪是古罗马建筑的鼎盛期，重大建筑活动遍及全国各地。3世

古罗马建筑、图拉真广场简介

纪后，佃奴制替代奴隶制。4世纪时，罗马分裂为东罗马、西罗马，西罗马在5世纪中叶灭亡，东罗马发展为封建制的拜占庭帝国。

古罗马建筑直接继承并大大推进了古希腊建筑成就，开拓了新的建筑领域，丰富了建筑艺术手法，在建筑形制、技术和艺术方面的广泛成就达到了奴隶制时代建筑的最高峰。

古罗马的建筑分为三个时期：伊特鲁里亚时期（公元前8—前2世纪），陶瓷构件、券拱结构等方面成就突出；罗马共和国盛期（公元前1000—前30年），公路、桥梁、街道、输水管道等城市建设方面成就非凡，公共建筑建设十分活跃，并发展了罗马角斗场；罗马帝国时期（公元前30—476年），建造了雄伟的凯

旋门、纪功柱、神庙等，广场、浴场等公共建筑也日趋宏大豪华。

（1）建筑材料和券拱技术。

古罗马在建筑材料上，除了砖、木、石外，还利用火山灰制成了天然混凝土。在结构方面，古罗马人发展了券拱结构，采用了四柱支撑的十字形拱，使建造连续的拱形空间成了可能，形成了通透的拱廊形式。券拱是罗马建筑的最大特色和成就，种类有筒拱、交叉拱、十字拱、穹窿（半球）（图8-7）。罗马建筑的布局方式、空间组合形式和艺术形式都与券拱结构技术、复杂的拱顶体系密不可分。

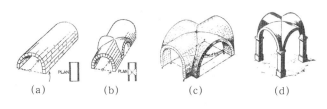

图8-7 券拱种类
(a) 筒拱；(b)、(c) 交叉拱；(d) 十字拱

（2）罗马柱式和《建筑十书》。

古罗马人继承了希腊的三种柱式并加以发展，形成了塔司干柱式、多立克柱式、爱奥尼柱式、科林斯柱式以及组合式五种柱式（图8-8）。古罗马人为解决券拱结构的笨重墙墩与柱式艺术风格的矛盾，创造了券柱式；为解决柱式与多层建筑的矛盾，发展了叠柱式，创造了水平立面划分构图形式；为适应高大建筑体量构图，创造了巨柱式的垂直式构图形式。除此之外，古罗马人还创造了券拱与柱列结合的形式，券脚立在柱式檐部形成连续券（图8-9）。为了使柱式更加丰富耐看，解决柱式线脚与巨大建筑体积的矛盾，古罗马人用一组线脚或复合线脚代替简单的线脚。古罗马人充分利用穹窿、筒拱、交叉拱、十字拱和券拱平衡技术，创造出券拱覆盖的单一空间、单向纵深空间、序列式组合空间等多种建筑空间形式。

因古罗马在建筑方面较为发达，建筑学的著作应运而生，可惜流传下来的只有奥古斯都的军事工程师维特鲁威写的《建筑十书》。该书分十卷，涵盖建筑师的修养和教育，建筑构图的一般法则，柱式，城市规划原理，市政设施，庙宇、公共建筑物和住宅的设计原理，建筑材料的性质、生产和使用，建筑构造做法，

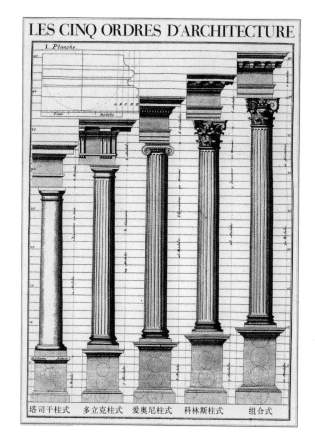

图8-8 古罗马古典五柱式

图8-9 叠柱式与券柱式结合

施工和操作，装修，水文，供水，施工机械和设备等，内容十分完备。

《建筑十书》的成就体现在以下方面：① 奠定了欧洲建筑科学的基本体系；② 系统总结了希腊和早期罗马建筑的实践经验；③ 全面建立了城市规划和建筑设计的基本原理，以及各类建筑物的设计原理；④ 按照古希腊的系统，把理性原则和直观感受结合起来，把理想化的美和现实生活中的美结合起来，论述了一

些基本的建筑艺术原理。

由于古罗马公共建筑物类型多，建筑形制比较成熟，样式和手法很丰富，结构水平高，而且初步建立了建筑的科学理论，对后世欧洲的建筑，乃至全世界的建筑都产生了巨大的影响。

（3）巴西利卡。

巴西利卡是古罗马的一种公共建筑形式，平面呈长方形，外侧有一圈柱廊，主入口在长边，短边有耳室，采用条形拱券作屋顶。后来的教堂建筑即源于巴西利卡，但是主入口改在了短边，如老圣彼得大教堂（图8-10）。"巴西利卡"一词来源于希腊语，原意是"王者之厅"。

基督教沿用了罗马巴西利卡的建筑布局来建造教堂，尤其罗马风时代的大多数教堂是巴西利卡格局。随着历史的变迁，"巴西利卡"一词的意义也发生了变化，如今在罗马天主教的用语中，不论建筑风格和结构如何，凡是有特殊地位的大教堂都被称为巴西利卡。

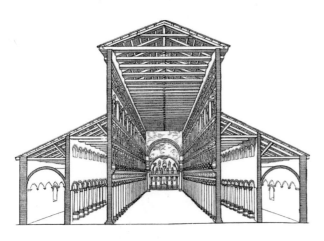

图8-10　老圣彼得大教堂剖面图（罗马，333年）

8.2.2　古罗马建筑实例

1. 万神庙

营造于118—128年的万神庙，代表了古罗马建筑设计和工程技术方面的最高水平。万神庙是单一空间、集中式构图建筑物的代表，也是罗马穹顶技术的最高代表。在现代结构出现以前，它一直是世界上跨度最大的大空间建筑（图8-11）。

万神庙采用穹顶覆盖的集中式形制，圆形，穹顶直径43.3m，顶端高度也是43.3m，混凝土浇筑，厚墙上开壁龛以减轻自重，龛上有暗券承重，龛内放

图8-11　万神庙外观

置神像。内部墙面，下层贴15cm厚的大理石板，上层抹灰。地面也用各色大理石铺成图案。外墙面划分为3层，下层贴白大理石，上两层抹灰。

万神庙内部的艺术处理非常成功。因为用连续的承重墙，所以内部空间是单一有限的。但它十分完整，几何形状单纯、明确而和谐。穹顶上的凹格划分了半球面，使它的尺度和墙面统一。凹格越往上越小，在穹顶中央大孔洞射进来的光线作用下，鲜明地呈现出穹顶饱满的半球形状（图8-12、图8-13）。墙面的

图8-12　万神庙穹顶内景

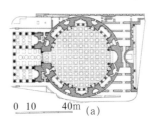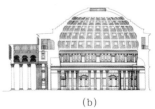

0　10　　　40m　　(a)　　　　　　　　　(b)

图8-13　万神庙内部构造
(a) 平面图；(b) 剖面图

划分、地面的图案、装饰的壁柱和壁龛，尺度都正常，因此建筑虽大，却不会令人感到压抑（图 8-14）。

古罗马城市都有中心广场，广场反映着罗马的政治，对城市形态影响很大。如图拉真广场（图 8-15）。图拉真广场建于 107 年，用来纪念图拉真大帝远征罗马尼亚的胜利。两所巨大的图书馆、两座宏伟的大会堂、至今还耸立在废墟上的图拉真胜利纪念柱和一排排雕像构成了当时全城最壮观的地区。

大角斗场长轴 188m，短轴 156m，中央的"表演区"长轴 87m，短轴 54m。四周是 60 排可容纳 5 万人的观众席。内设 80 个出入口，上下纵横交通用混凝土筒拱及交叉拱解决。大角斗场共四层，下面三层每层 80 个券柱式拱，第四层是实墙，利用叠柱式进行水平划分，从下往上分别是多立克柱、爱奥尼柱、科林斯柱、科林斯壁柱（图 8-16、图 8-17）。

图 8-14　罗马万神庙柱廊内景

图 8-16　罗马大角斗场

图 8-15　图拉真广场

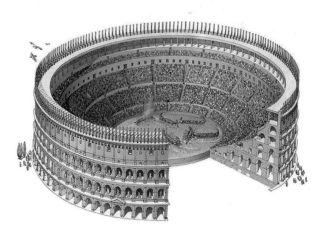

图 8-17　罗马大角斗场复原剖面图

2. 罗马大角斗场

角斗场开始于古罗马共和末期，遍布各城市。角斗场平面呈椭圆形，相当于两个剧场的观众席相对合一。从功能、规模、技术和艺术风格等方面来看，罗马城里的大角斗场是古罗马建筑的代表作之一。

古罗马斗兽场平面图，古罗马斗兽场、体育赛事与城市演变、万神庙视频

古罗马大角斗场建筑形制完善，功能合理，结构精妙，造型优美，建筑成就很高，是现代体育场建筑的原型。

古罗马公共建筑物类型繁多，有图书馆、剧场、公共浴场（图8-18）等，还有城市居住建筑。古罗马建筑对后来欧洲、美洲乃至全世界的建筑都产生过深远影响。古罗马建筑在世俗化建筑的类型、形式等方面发展得十分成熟，结构技术也十分杰出，加上艺术手法丰富多样，为世界建筑的发展作出了卓越贡献。

图 8-18　卡拉卡拉浴场遗址

8.3 古希腊和古罗马建筑装饰艺术及家具风格

8.3.1　古希腊建筑装饰艺术

古希腊时期的建筑装饰艺术已发展到一定阶段，特点主要是完美、崇高、和谐（图8-19）。古希腊建筑中的柱式、山花、雕塑、马赛克拼花（图8-20）等艺术语言，具有极强的艺术美感，被大量运用在室内装饰中，其中克诺索斯宫（公元前1450—前1370年，图8-21）和迈锡尼宫（公元前2000年，图8-22）都是很好的世俗建筑代表。除此之外，古希腊神话中的人物典故，也时常作为家具纹样与墙面装饰的题材，为后世两千年的西方建筑美学建立了独特的设计语境。

图 8-19　典雅对称的大理石盛水盆

图 8-21　克诺索斯宫中皇后的正厅复原图

图 8-20　古希腊墙面马赛克拼花

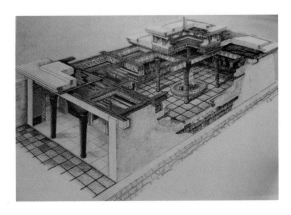

图 8-22　迈锡尼宫正厅复原图

8.3.2 古罗马建筑装饰艺术及家具风格

古罗马早期建筑装饰受古希腊影响，建筑内部引入围柱式（图8-23），壁画中也多以柱式来分割空间。随着罗马帝国的不断扩张，文化的交融使设计逐渐向更精美的方向发展。公元前27年罗马皇帝时代开始，室内装饰结束了严谨朴素的共和时期风格，开始转向奢华。公共浴室（图8-24）、图书馆、剧院、商铺等世俗建筑被大量修建，市政供水供热排污系统一应俱全，使平民阶层也能享受到相当舒适的生活。

此外，拱形设计被巧妙地融入了室内装饰空间，房屋内部装饰精美，在没有窗户的墙壁上通常都进行了镶框装饰，并绘制了色彩艳丽的壁画（图8-25），地面多铺贴精美的彩砖和马赛克砖（图8-26），一些大型公共建筑的天花也做了极其精美华丽的装饰（图8-27），实用美观。

图8-23　维蒂住宅的中庭（79年）

图8-25　大都会卧室的墙面镶框装饰壁画

图8-24　庞贝公共浴场冷水池

图8-26　庞贝普通住宅的地面铺贴

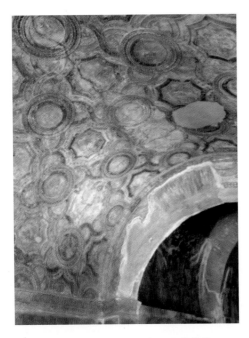

图 8-27　庞贝公共浴室的大厅天花装饰

图 8-28　古罗马椅子

图 8-29　三腿大理石桌

古罗马时期的建筑装饰特点是有节制，墙面划分很整齐，所有的装饰都规范在一定的几何形内；色彩比较强烈、艳丽；喜欢用透视法制造幻视效果；几乎都有主题性的壁画做装饰。在现存的庞贝古城遗迹中仍保留了大量古罗马时期的建筑室内装饰样本。古罗马建筑室内装饰风格对世界产生了重大的影响，对现在的室内设计仍然有很高的参考价值。

古罗马家具沿袭古希腊风格，家具厚重、装饰复杂而精致（图 8-28），全部采用高档木材镶嵌象牙或金属、石材。家具造型参考建筑特征，多采用三腿（图 8-29）和带基座的造型，增强坚固度。

09

欧洲中世纪
建筑

中世纪是指欧洲历史上的一个时代，是从西罗马帝国灭亡（476 年）到东罗马帝国灭亡（1453 年）的这段时间。中世纪的欧洲没有强有力的政权，战争频繁，科技和生产力发展停滞，人们生活在毫无希望的痛苦之中，所以中世纪或者中世纪早期在欧美普遍被称作"黑暗时代"，传统上认为这是欧洲文明发展比较缓慢的时期。

这一时期的建筑可分为东罗马帝国时期的拜占庭建筑和西欧中世纪建筑。

9.1 拜占庭建筑

9.1.1 拜占庭建筑概述

东罗马帝国定都君士坦丁堡（昔日的拜占庭，如今的伊斯坦布尔）。5—6 世纪，东罗马帝国还算强盛，但 7 世纪以后产生分裂，逐渐没落，并遭到了十字军东征的蹂躏，于 1453 年被土耳其人所灭。拜占庭建筑是在继承古罗马建筑文化的基础上，汲取了波斯、两河流域、叙利亚等东方文化，形成了自己的建筑风格。

拜占庭建筑的代表是东正教教堂，主要成就是创造了把穹顶支承在 4 个或更多独立支柱上的结构，发明了帆拱来解决建筑下部立方体空间和上部穹窿圆底之间的过渡问题。

帆拱是对古罗马"穹拱"一种地域性的变异及重新诠释。它在方形平面的四边发券，在四个券之间砌筑以对角线为直径的穹顶，仿佛一个完整的穹顶在四边被发券切割而成，又在四个券的顶点做水平切口，在切口上再砌穹顶。帆拱完美解决了方形平面和圆形穹顶之间的衔接过渡问题，把荷载传递给四角的支柱，解放了穹顶下方空间，使集中式教堂的空间变得开敞流动。为了进一步提高穹顶的标志作用，完善集中式形制的外部形象，还在水平切口之上砌一段圆筒形的鼓座，穹顶再砌在鼓座上（图 9-1）。

帆拱推动了穹顶技术的发展，充分利用了完整的集中式中央空间，构图上突出以穹顶为中心的自由灵活的效果，对欧洲宗教建筑和纪念性建筑的发展产生了巨大的影响。

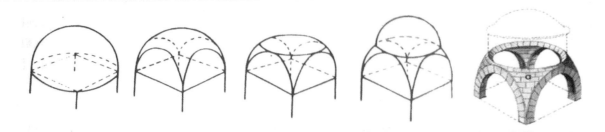

图 9-1　帆拱演化示意图

与此同时，拜占庭建筑的装饰也因为帆拱的发明得到了极大的丰富。集中式形制的穹窿和拱顶需要大面积的装饰，内墙的装饰主要有彩画和贴面两种：彩画以粉画为主；贴面材料有大理石、马赛克（图9-2）等，主题是宗教故事、人物、动物、植物等。色彩上注意变化与统一，使建筑内外空间都显得灿烂夺目。拜占庭精彩的石雕艺术常用于发券、柱头、檐口等石材承重及转折处，主题一般为几何图案、植物等（图9-3）。

圣索菲亚大教堂视频

图 9-2　拱顶马赛克贴面装饰

图 9-3　帆拱上的雕刻装饰

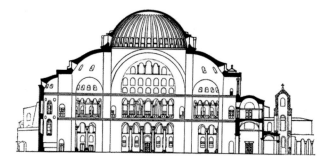

图 9-4　圣索菲亚大教堂剖面图

9.1.2　拜占庭建筑实例

1. 圣索菲亚大教堂

君士坦丁堡的圣索菲亚大教堂（Santa Sophia）是拜占庭建筑最杰出的代表，外观雄伟稳重，墙面用陶砖砌成，灰浆很厚，具有早期拜占庭建筑的特点，是拜占庭帝国的宫廷教堂。

集中式的圣索菲亚大教堂（图9-4），中央大穹窿直径32.6m，穹顶离地54.8m，通过帆拱支承在四个大柱墩上。教堂内部空间丰富多变，穹窿之下、券柱之间，大小空间前后、上下相互渗透（图9-5）。穹窿底部密排着一圈40个窗洞，光线射入时形成幻影，使大穹窿显得轻巧灵动。厅内部饰有金底的彩色玻璃镶嵌画。教堂的平面呈长方形，布局属于以穹窿覆盖的巴西利卡式。中央穹窿突出，四面体量相仿，但有侧重。前面有一个大院子，正面入口有两道门廊，末端有半圆神龛。大厅高大宽阔，适用于隆重豪华的宗教仪式和宫廷庆典活动。

15世纪后土耳其人将圣索菲亚大教堂改为礼拜寺，在其四角加建邦克楼（图9-6），1935年又将其改为博物馆。它的建筑成就对当时和后来的建筑影响很大。

图 9-5　圣索菲亚大教堂内部

图 9-6　圣索菲亚大教堂的邦克楼

2. 圣马可大教堂

圣马可大教堂（图9-7）矗立于威尼斯市中心的圣马可广场上，始建于公元829年，重建于1043—1071年，它曾是中世纪欧洲最大的教堂，是威尼斯建筑艺术的经典之作，它同时也是一座收藏丰富艺术品的宝库。

东欧小教堂简介

图 9-7　圣马可大教堂

图 9-8　圣马可大教堂内部

从外观上看，它的五个穹顶仿照圣索菲亚大教堂而建；正面是华丽的拜占庭装饰，中间的穹顶和四面的筒形拱成等臂的"十"字，整体布局为希腊十字式。教堂内部从地板、墙壁到天花都是细致的马赛克镶嵌画，画上覆盖一层金箔，使整座教堂笼罩在金色的光芒里，被称为黄金教堂（图 9-8）。

圣索菲亚大教堂之后，拜占庭的建筑规模都很小，在俄罗斯、罗马尼亚、保加利亚和塞尔维亚等东正教国家，开始流行穹顶饱满类似洋葱和帐篷顶的教堂。

拜占庭建筑的特点：屋顶造型普遍使用穹窿顶；集中式形制，拜占庭建筑的构图中心往往是既高又大的圆穹顶；结构特征，创造了把穹顶支承在方形空间上的结构和与之相应的集中式建筑形制；内墙装修有彩画和贴面两种，还充分运用雕刻技术。拜占庭建筑的最大特色是帆拱使得建筑方圆过渡自然且扩大了穹顶下的空间。

9.2 西欧中世纪建筑

东正教在东欧广泛传播的同时，基督教的另一宗系天主教在西欧各地流传。5—10 世纪，西欧进入封建社会，建筑极不发达，建筑的体量都不大，质量也不高。10 世纪后，西欧经济复苏，建筑规模扩大，技术迅速发展，教堂及各种公共建筑逐渐多起来。

根据西欧天主教及其教堂的发展，西欧中世纪建筑大体上可分为三个时期：早期基督教建筑时期（西罗马帝国末期到 10 世纪），罗马风建筑时期（10—12 世纪之前），哥特式建筑时期（12—15 世纪）。

9.2.1 早期基督教建筑

早期基督教建筑多利用罗马原有的大会堂来进行公众集会和各种仪式，也就是巴西利卡（图 9-9）。巴西利卡教堂为长方形大厅，纵向几排柱子把建筑分为几个长条形空间，中央较宽的为中厅，两侧窄一点的为侧廊；中厅比侧廊高很多，可利用高差在两侧开高窗。大多数巴西利卡为木屋架，屋盖轻，所以支柱比较细；建筑空间大，结构简单，便于群众聚会。罗马城外的圣保罗教堂、罗马的圣约翰教堂、

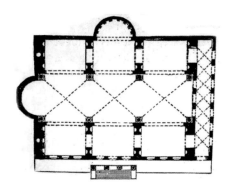

图 9-9　巴西利卡

罗马圣保罗教堂简介，比萨主教堂、威尼斯视频

圣玛利亚教堂等都是早期基督教巴西利卡式教堂的典型代表。

　　由于宗教仪式日趋复杂，信徒增多，后来就在祭坛前增建一道横向的空间，大一点的也分中厅和侧廊，高度和宽度都与正厅对应相等。于是，就形成了一个十字形的平面，竖道比横道长得多，信徒们所在的大厅比圣坛、祭坛又长得多，这种形式叫作拉丁十字式（图 9-10）。

图 9-11　比萨斜塔建筑群

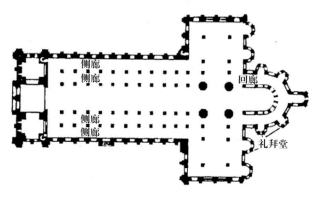

图 9-10　拉丁十字式

图 9-12　亚琛大教堂

9.2.2　罗马风建筑

　　罗马风建筑在建筑艺术上继承了古罗马的半圆形拱券结构，形式上略带有古罗马风格。它所创造的扶壁、肋骨拱和束柱在结构与形式上都对后来的建筑影响很大。

　　最著名的罗马风建筑是比萨斜塔建筑群，它是意大利中世纪最重要的建筑群之一（图 9-11）。它由主教堂、钟塔和洗礼堂组成。主教堂是拉丁十字式，全长 95m，有四排柱子，中厅用木桁架，侧廊用十字拱。教堂正立面高约 32m，有四层空券廊作装饰，形体和

光影都有丰富的变化。钟塔直径大约 16m，高 8 层，中间 6 层围着空券廊。由于基础不均匀沉降，塔身开始倾斜，成为享誉世界的比萨斜塔。另一著名的罗马风建筑是建于 790 年的亚琛大教堂（图 9-12），位于德国亚琛市。

9.2.3　哥特式建筑

1. 哥特式建筑特点

　　哥特式建筑于 11 世纪下半叶起源于法国，12—15 世纪流行于欧洲。哥特式建筑脱离了古罗马建筑的影响，以尖券、尖形肋骨拱顶、陡峭的两坡屋面，以

及教堂中的钟楼、扶壁、束柱[1]、花窗棂等为特点。

哥特式建筑有以下特征。① 结构体系使用骨架券，减轻拱顶的重量及侧推力；使用飞券传递屋顶的侧推力；使用二圆心的尖券（图9-13）或尖拱。② 内部空间的中厅窄而长，导向祭坛的动势明显；中厅高耸，宗教气氛很浓；框架式的结构，支柱和骨架券融为一体，有向上的导向性（图9-14）；玻璃窗面积大，色彩丰富。③ 外部造型上，西立面的构图特征表现为一对塔夹着中厅山墙的立面，以垂直线条为主。水平方向有山墙檐部比例修长的尖券栏杆和放置雕像的壁龛，把垂直方向分为3段。垂直线条挺拔向上、直冲云霄，突出建筑的向上升腾之感。建筑水平方向划分较明显，立面较为温和、舒缓。

2. 哥特式建筑实例

（1）巴黎圣母院。

巴黎圣母院于1163—1250年建，是法国早期哥特式建筑的典型实例。教堂平面宽约47m，深约125m，可容纳近万人。结构上采用飞扶壁和柱墩承重，承重墙的柱墩间可以全部开窗，这是使用飞扶壁最早的实例之一（图9-15、图9-16）。正立面是一对高60余米的塔楼，粗壮的墩子把立面纵分为三段，两条水平雕饰又把三段联系起来。主教堂横厅上的彩色玻璃窗就是有名的玫瑰花窗[2]（图9-17）。

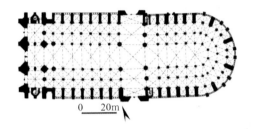

图9-15　巴黎圣母院平面图

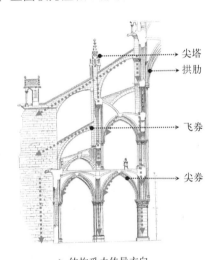

结构受力传导方向

图9-13　尖券

图9-16　巴黎圣母院外观

图9-14　骨架券内景

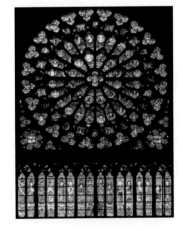

图9-17　巴黎圣母院玫瑰花窗

巴黎圣母院失火简介

---

[1]　束柱：数根细柱成簇或数根细柱吸附于一根较粗的柱子上而形成的柱子。

[2]　玫瑰花窗：常见于教堂的正立面以及东、西两侧圆窗，几乎可见于任何哥特式教堂建筑中，因其呈放射状的内部分割犹如盛开的玫瑰而得名，也有人说其名字来源于法语中的车轮（roue）而非英语中的玫瑰（rose）。

（2）科隆大教堂。

哥特式建筑以法国为中心，传遍了欧洲的每一个国家。在德国，科隆大教堂（Cologne Cathedral）（图9-18）是欧洲北部最大的哥特式教堂。教堂始建于1248年，直到1880年才建成，中厅宽12.6m，高46m，西面的一对八角形塔楼高达150余米，教堂内外布满雕刻、小尖塔等装饰，有很强的向上感。

（3）米兰主教堂。

米兰主教堂（图9-19）是意大利最著名的哥特式天主教堂，于14世纪80年代动工，至19世纪初完成。该教堂位于意大利米兰市，平面呈十字形，内部由四排巨柱隔开，宽达49m。中厅高约45m，在横翼与中厅交叉处高达65m，上面是一个八角形采光亭。教堂风格比较保守，西立面仍保留了巴西利卡的特点。教堂外部共有135个尖塔，每个塔尖都有一座神像，加上教堂内部的雕像装饰（图9-20），共有6000多个雕像，是世界上雕像最多的哥特式教堂。

图 9-19　米兰主教堂

图 9-20　米兰主教堂的雕像

3. 哥特式建筑装饰艺术及家具风格

哥特式建筑多为宗教建筑，尖顶结构扩大了建筑室内空间，束柱和帆拱（图9-21）的运用使墙壁承重作用大为降低，遂以巨大的彩绘玻璃花窗来取代原本厚重的墙面，以获得良好的采光和装饰效果。教堂彩绘玻璃上的画多以宗教故事为题材（图9-22），

科隆大教堂、米兰大教堂、中世纪教堂视频，其他哥特式教堂简介

图 9-18　科隆大教堂

为传教活动起到了重要的辅助作用。当时的建造者认为，物质世界是通往崇高精神境界的阶梯，所以一改往日的朴素作风，对教堂内部进行华美的装饰（图9-23）。"珠宝以及玻璃彩窗所折射的斑斓的光线都可以使物质世界消弭于无形，使阴暗的心理通过物质接近真理，从过去的沉沦中复活"，这种对于光的崇拜也成了后来哥特式建筑的核心思想（图9-24）。

图 9-23　米兰大教堂墙面装饰及地面拼花　　图 9-24　威尼斯总督府的玻璃彩窗

图 9-21　哥特式教堂内部的束柱和帆拱

哥特式建筑的室内常使用金属格栅、门栏、木制隔间以及石头雕刻的屏风作装饰。内部装饰以繁复木雕工艺、金属工艺和编织工艺为主，室内装饰丰富多样，色彩搭配以黑色为主，多为偏冷的暗色系，如血红色、深紫色、金黑色等，讲究层次和华丽。

该时期的家具从造型、装饰题材到制作工艺都直接受哥特式建筑的影响。家具以垂直线条强调垂直庄重的形态，采用尖顶、尖拱、卷叶饰、棂花格、束柱以及浮雕等装饰，给人以刚直、挺拔、严谨的感觉。后世把具有这种外形特征的家具统称为哥特式家具。哥特式家具极为强调坐卧类家具在空间中的体量感，高背椅（图9-25）和加了顶盖的床雄伟气派，象征着主人的权势和威仪。这一时期的柜子和椅子多为镶嵌板式设计，既可以储物又可当座椅使用。

图 9-22　哥特式教堂中的彩色玻璃窗局部

中世纪西欧的社会生活、中世纪文字、圣马可广场视频，鼓座和帆拱示意图

图 9-25　哥特式高背椅

10

意大利的文艺复兴建筑与巴洛克建筑

了解文艺复兴的历史进程及其对欧洲乃至世界的影响和意义；掌握文艺复兴典型代表性建筑（如佛罗伦萨主教堂穹顶、坦比哀多小教堂、圣彼得大教堂等）；了解文艺复兴的璀璨群星及其贡献；掌握巴洛克风格的代表性建筑与广场；了解文艺复兴建筑与巴洛克建筑的特点。

教学目标

10.1 文艺复兴建筑

10.1.1 文艺复兴建筑的历史背景

意大利在中世纪就建立了一批独立的、经济繁荣的城市共和国。到十四、十五世纪，在佛罗伦萨产生了早期的资产阶级思想。其核心是肯定人性，激发对生活的热情，争取个人在现实世界的全面发展，被后人称为"人文主义"。在这种思想的影响下，一场轰轰烈烈的文化运动——意大利文艺复兴拉开了序幕，从而开创了一个伟大的时代。

文艺复兴起源于 15 世纪的意大利，于 16 世纪传遍意大利并以罗马为中心，同时开始传入欧洲其他国家，后期以意大利北部威尼斯、维琴察等地为中心。

文艺复兴建筑最明显的特征是扬弃中世纪时期的哥特式建筑风格，重新采用古希腊、古罗马时期的柱式构图要素。这是因为古典柱式构图体现着和谐和理性，并且与人体美有相通之处。

10.1.2 文艺复兴建筑实例

1. 文艺复兴建筑的春雷——佛罗伦萨主教堂的穹顶

佛罗伦萨主教堂（又称为花之圣母教堂），是作为共和政体的纪念碑而建的，由迪坎比奥设计

文艺复兴视频

图 10-1　佛罗伦萨教堂

（图 10-1）。教堂的形制较有独创性，大体是拉丁十字式的，东、南、北三面各凸出大半个八角形，明显呈现了以歌坛为中心的集中式平面，八边形的歌坛对边宽度 42.2m。集中式穹顶是其在形制方面的重要创新，并在 15 世纪之后得到发展。

15 世纪初，伯鲁乃列斯基着手设计穹顶。为了突出穹顶，他首先砌了一段 12m 高的鼓座。他采取了减小穹顶侧推力和重量的有效措施：穹顶轮廓采用矢形；用骨架券结构，穹顶分里外两层，中间是空的。八边形券顶由一个八边形的环收束，环上压采光亭，加强了稳定性。空层内有两圈水平的环形走廊，起加强两层穹顶联系的作用，加强了穹顶的整体刚度（图 10-2）。

穹顶的施工也是一项伟大的成就。穹顶的起脚高于室内地面 55m，顶端底面高 91m。这样的高空作业，

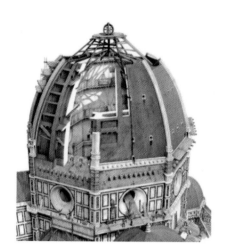

图 10-2 佛罗伦萨大教堂穹顶解剖图

脚手架技术发挥了重要作用。伯鲁乃列斯基还创造了一种垂直运输机械：平衡锤和滑轮组。得益于这些施工技术，整个工程仅用了十几年时间。

佛罗伦萨主教堂穹顶的历史意义如下。

① 它是突破教会精神专制的标志建筑。

② 鼓座使得穹顶全部展现出来。鼓座是文艺复兴时期独创精神的标志。

③ 无论是在结构上还是施工上，穹顶的首创性都标志着文艺复兴时期科学技术的普遍进步。

2. 文艺复兴建筑的成熟——坦比哀多小教堂

15 世纪，罗马成了新的文化中心，文艺复兴运动进入兴盛期。

坦比哀多小教堂是一座集中式的圆形建筑，直径 6.1m，周围有由 16 根多立克式柱组成的柱廊，建筑总高 14.7m，有地下墓室。集中式的形体、饱满的穹顶、圆柱形的神堂和鼓座，外加一圈柱廊，使它的体积感和层次感都很强，虚实映衬，构图丰富，显得雄健刚劲。伯拉孟特设计的坦比哀多小教堂是文艺复兴时期第一个成熟的集中式纪念建筑，其穹顶也是第一个外形成熟的穹顶，它的诞生标志着文艺复兴盛期的到来（图 10-3）。

3. 文艺复兴建筑的巅峰与衰落 ——圣彼得大教堂及广场

圣彼得大教堂凝聚了几代著名匠师的智慧，罗马最优秀的建筑师，伯拉孟特、拉斐尔、米开朗基罗等，都曾经主持或参与过圣彼得大教堂的营造（图 10-4）。圣彼得大教堂穹顶直径 41.9m，与万神庙很接近，内

图 10-3 坦比哀多小教堂

图 10-4 圣彼得大教堂及广场

部顶点高 123.4m，几乎是万神庙的 3 倍，穹顶外部采光塔上十字架尖端高达 137.8m，是罗马全城的最高点。

迄今为止，圣彼得大教堂仍是世界上最大的天主教堂，代表了 16 世纪意大利建筑、结构和施工的最高成就，是意大利文艺复兴建筑最伟大的纪念碑。

圣彼得大教堂的设计，几经易手，平面图先后经历了 5 次改动。伯拉孟特设计的教堂平面是希腊十字式的，四臂较长，希腊十字的正中覆盖大穹顶。拉斐尔保留了已建成的东立面，但在西面增加了一个长达 120m 的巴西利卡，使平面演化成拉丁十字的形式。帕鲁齐想把方案改回集中式，但没有成功。小桑加洛不得不维持拉丁十字的平面，但巧妙地使东部更接近伯拉孟特的方案，在西部以一个较小的希腊十字代替拉斐尔的巴西利卡，使集中式布局仍然占主体地位。17 世纪初，在耶稣会的压力下，马丹纳受命拆

除已经动工的米开朗基罗设计的立面，在前面加了一段三跨的巴西利卡式大厅。圣彼得大教堂空间和外部形体的完整性遭到了严重的破坏。1655—1667 年，贝尼尼[1] 建造了教堂入口广场。广场以 1586 年竖立的方尖碑为中心，由梯形和椭圆形平面组成，椭圆形平面的长轴为 198m，周围由 284 根塔斯干柱子组成的柱廊环绕着，虽然柱式严谨，但构思是巴洛克式的（图 10-5）。

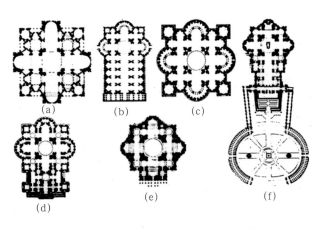

图 10-5　罗马圣比得大教堂及广场方案演变示意图

（a）伯拉孟特方案；（b）拉斐尔方案；（c）帕鲁齐方案；
（d）小桑加洛方案；（e）米开朗基罗方案；
（f）由马德尔诺修改完成的最终平面图，广场由贝尼尼设计

10.1.3　文艺复兴时期的群星荟萃

（1）伯鲁乃列斯基（1377—1446 年）。

伯鲁乃列斯基是意大利早期文艺复兴建筑的奠基人，精通机械、铸工，是杰出的雕刻家、画家、工艺家和学者，在透视学和数学等方面都有所建树，也设计过一些建筑物。他正是文艺复兴时代所特有的那种多才多艺的巨人。其主要作品有佛罗伦萨主教堂的穹顶、佛罗伦萨育婴院、巴齐礼拜堂（图 10-6）。

由伯鲁乃列斯基设计的佛罗伦萨的巴齐礼拜堂（Pazzi Chapel，1420 年）是 15 世纪早期文艺复兴很有代表性的建筑物。无论结构、空间组合、外部体形和风格特征，都是大幅度的创新之作。

它的形制借鉴了拜占庭风格，正中一个直径10.9m 的帆拱式穹顶，左右各有一段筒形拱，与大穹顶共同覆盖一间长方形大厅。后面一个小穹顶，覆盖着圣坛；前面一个小穹顶，在门前柱廊正中。

（2）阿尔伯蒂（1404—1472 年）。

阿尔伯蒂的《建筑论：阿尔伯蒂建筑十书》完成于 1452 年，全文直到 1485 年才出版。这是文艺复兴时期第一部完整的建筑理论著作，也是对当时流行的古典建筑的比例、柱式以及城市规划理论和经验的总结。它的出版推动了文艺复兴建筑的发展。

他的建筑作品既有仿古式样的，也有大胆革新的，比较有代表性的是佛罗伦萨的鲁奇兰府邸（1446—1451 年）、圣玛利亚小教堂（1456—1470 年，图 10-7）和曼图亚的圣安德烈教堂（1472—1494 年）等。

图 10-6　巴齐礼拜堂

图 10-7　圣玛丽亚小教堂

---

[1]　乔凡尼·洛伦佐·贝尼尼（Giovanni Lorenzo Bernini，1598—1680 年）：意大利的雕刻家兼建筑师，是 17 世纪最伟大的艺术大师。

（3）米开朗基罗（1475—1564 年）。

米开朗基罗是伟大的雕塑家、建筑师、画家和诗人。他与达·芬奇和拉斐尔并称"文艺复兴三杰"，作品以展现人物的健美著称，即使女性的身体也描画得肌肉健壮。他倾向于把建筑当雕刻看待，喜爱用深深的壁龛、凸出很多的线脚和小山花，贴墙作 3/4 圆柱或半圆柱，喜好雄伟的巨柱式，多用圆雕作装饰，强调建筑的体积感。其代表作有罗马的府邸、市政广场、圣劳伦兹图书馆、卡比多山市政广场、圣彼得大教堂穹顶、西斯廷教堂天顶壁画（图 10-8）等。

（4）拉斐尔（1483—1520 年）。

拉斐尔谢世时年仅 37 岁，但由于他勤奋创作，给世人留下了 300 多幅珍贵的艺术作品。他的作品博采众长，形成了自己独特的风格，代表了当时人们最崇尚的审美趣味，成为后世古典主义者难以企及的典范。其代表作有油画《西斯廷圣母》、壁画《雅典学院》等。

图 10-9　拉斐尔府邸

他设计的建筑物和他的绘画一样，比较温柔秀雅，体积起伏小，爱用薄壁柱，外墙面上抹灰，多用纤细的灰塑作装饰，强调水平分划（图 10-9）。

（5）帕拉第奥（1508—1580 年）。

帕拉第奥是西方最具影响力和最常被模仿的建筑师，现代主义建筑原型之父。他的创作灵感来源于古典建筑。他对建筑的比例非常谨慎，其创造的人字形建筑已经成为欧洲和美国豪华住宅和政府建筑的原型。帕拉第奥是意大利晚期文艺复兴的主要建筑师，在 1562 年发表了《五种柱式规范》和《建筑四书》等著作。其代表建筑作品有圆厅别墅（图 10-10、图 10-11）、长方形大教堂、奥林匹克剧院。

图 10-8　西斯廷教堂天顶壁画

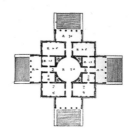

图 10-10　圆厅别墅
平面图

图 10-11　圆厅别墅实景

10.2　巴洛克建筑

10.2.1　巴洛克建筑的历史背景

"巴洛克"原意是畸形的珍珠，16—17 世纪时，衍生出拙劣、虚伪、矫揉造作或风格卑下、文理不通等含义。18 世纪中叶，古典主义理论家带着轻蔑的意味称呼 17 世纪的意大利建筑为巴洛克。但这种轻蔑是片面的、不公正的，巴洛克建筑有它特殊的成就，对欧洲建筑的发展有长远的影响。

巴洛克建筑主要特征如下：① 炫耀财富；② 追求新奇；③ 趋向自然；④ 有一种既庄严隆重、刚劲有力，又充满欢乐的气氛。

10.2.2 巴洛克建筑实例

（1）罗马耶稣会教堂。

维尼奥拉设计的罗马耶稣会教堂被称为第一座巴洛克建筑（图10-12），是由样式主义转向巴洛克的代表作。教堂内部突出了主厅和中央圆顶，加强了中央大门的作用，以严密的结构和强烈的中心效果显示出新的特色。耶稣会教堂的内部和门面是巴洛克建筑的模式，又称为前巴洛克风格。

（2）罗马圣卡罗教堂。

罗马圣卡罗教堂由波洛米尼设计。其平面近似橄榄形，周围有一些不规则的小祈祷室。教堂平面与天花装饰强调曲线动态，立面山花断开，檐部水平弯曲，墙面凹凸很大，装饰丰富，有强烈的光影效果（图10-13）。

图10-12 罗马耶稣会教堂　　图10-13 罗马圣卡罗教堂

到17世纪中叶，意大利贝尼尼和波洛米尼两位杰出天才的创作，标志着意大利巴洛克建筑进入盛期。文艺复兴时期及以前建筑惯用的界线严格的几何构图几乎被彻底摒弃了。

图10-14 特维莱喷泉

（3）特维莱喷泉。

贝尼尼设计的特维莱喷泉带有典型的晚期巴洛克风格。喷泉雕塑展现的是海王尼普顿率领水族从一座水池中奔腾而出的景象。水池坐落在一幢凯旋门式的建筑前。整组雕塑和喷泉充满了强烈的动势和勃勃生机（图10-14）。

巴洛克艺术模糊了雕刻与绘画之间的明显区别，并将这两种艺术形式与建筑结合起来。这种"三位一体"的特殊艺术形态往往会造成一种舞台上的幻觉。贝尼尼创作的圣彼得大教堂祭坛上的青铜华盖（1624—1633年），就明显带有这个特点（图10-15）。

图10-15 圣彼得大教堂祭坛上的青铜华盖

10.3 文艺复兴时期建筑和巴洛克建筑装饰艺术及家具风格

10.3.1 文艺复兴时期的建筑装饰艺术及家具风格

文艺复兴时期的陈设风格吸收了古罗马时期的奢华，加上东方和哥特式的装饰特点，并运用新的手法加以表现。文艺复兴时期的室内设计非常重视对称与平衡原则，强调水平线，使墙面成为构图的中心，墙面虽多为光滑、简洁的设计但一般会用壁画作装饰，在装饰细节上，倾向使用由古罗马设计衍生出的镶边和嵌线（图10-16）。这一时期的地板常以瓷砖、砖块拼接铺设，大理石（小块大理石嵌入水泥中并将地面磨光）或水磨石用于各层宏伟的空间地面，用以表现复杂的几何图案（图10-17）。很少用到地毯，昂贵的东方地毯偶尔用作桌布或铺在地上。

在这一时期，绘画、雕塑和各种织物陈设，如帘幔、壁毯、床帏等，都被大量地展示在室内用于装饰（图10-18），家具多采用直线式样，把建筑细部的螺纹座、莨苕叶、蔓藤、女体像、天使、假面、怪兽以及圆形、椭圆形等雕饰，作为箱柜和桌椅等家具的装饰。这些家具除少量运用橡木、丝柏木外，基本采用核桃木制作，工匠甚至会用在普通木料上绘制名贵木材的纹理以假乱真，节省木材是当时的制作风气（图10-19）。

图 10-16　佛罗伦萨达芬查蒂府邸卧室

图 10-18　文艺复兴时期的室内装饰

图 10-17　巴齐礼拜堂地面

图 10-19　文艺复兴时期的家具

10.3.2 巴洛克建筑装饰艺术及家具风格

巴洛克建筑装饰艺术又称路易十四式，产生于16世纪，盛行于17世纪，相对于古典设计的单纯与稳重，巴洛克风格强调繁复夸饰，感官上大方庄严、雅致优美，并注重舒适性，整体室内装饰有海洋的气势，线条有一定规律。

在装饰方面，这一时期的墙面和天花都以雕塑、雕刻修饰，绘上带有视错觉的绘画，如幻觉画、透视天棚画等（图10-20），使顶棚产生穹顶般的错觉，使整个设计富于动感；立体结构上偏爱运用更复杂的几何形态，如鹅蛋形、椭圆形、三角形和六边形等（图10-21），楼梯也被设计成弯曲盘绕的复杂形势。室内装饰在运用直线的同时，也强调线形流动的变化，具有华美、厚重的效果（图10-22、图10-23）。

在家具方面，这一时期家具的基本特征与文艺复兴时期没什么两样，但精美是巴洛克宫廷家具的特征。这一时期的家具多为大尺寸，多采用直线和圆弧相结合的方式，覆面多往外鼓出，外形看上去十分饱满，透出一股阳刚之气，结构线条多为直线，强调对称，给人以古典庄重之感，装饰上却恰到好处地采用活泼但不矫饰的艺术图案（图10-24、图10-25）。这一时期的椅子多为高靠背，桌面多采用大理石镶嵌。

巴洛克时期无论是室内装饰还是家具装饰，都有精美的雕刻装饰物，又以镀金（或银）、涂漆、镶嵌、彩绘等手段进行装饰。

17世纪的室内陈设发展也相当辉煌。由画家和织工通力协作，用来装饰室内墙面的挂毯等织物在当时非常流行。这些挂毯不仅要考虑其美观性，还必须考虑其与其他陈设物品的协调性。

这一时期东西方文化交流变得更密切，来自中国的瓷器也成了广受欢迎的室内陈设品，是财富的体现和象征。此外，由于以威尼斯为中心的玻璃制造工艺的发展，市面上出现了蕾丝玻璃、釉绘玻璃等玻璃制品，通透而多彩的玻璃制品为室内陈设增添了现代感。世界上第一盏由优质玻璃代替天然水晶和石英石的人造水晶的灯饰也在此时诞生。除了教堂、修道院、宫殿和豪宅，一般性的建筑很少受到巴洛克艺术的影响。即便如此，极度烦琐复杂的巴洛克艺术仍然被认为是连接西方古典艺术与现代艺术的纽带。

图10-20　凡尔赛宫的天顶

图10-21　结合雕刻和幻觉壁画的巴洛克天顶

图10-22　巴洛克风格的会客厅

图10-23　威尼斯萨格雷多宫的卧室

图10-24　巴洛克式写字桌

图10-25　巴洛克式橱柜

11

法国古典主义建筑
与洛可可风格

了解法国古典主义的历史发展进程；掌握古典主义建筑的特征；熟悉古典主义建筑的实例（如卢浮宫、凡尔赛宫等）；掌握西方古典园林的特色；掌握洛可可这一建筑与装饰风格。

11.1 法国古典主义建筑

与意大利后期文艺复兴、巴洛克同时并进的还有法国古典主义风格。法国古典主义专指在 16 世纪中期到 18 世纪初，法国建筑师在建筑风格上逐渐脱离中世纪哥特式传统建筑风格走向文艺复兴风格，并全面探索将法国传统建筑要素与意大利文艺复兴、古希腊、古罗马等建筑要素相融合的一种建筑风格，是法国绝对君权时期的宫廷建筑潮流。

在政治上，16 世纪法国致力于国家统一，到路易十四时期，法国成为欧洲最强大的中央集权王国。法国古典主义崇尚唯理论，认为君主专政的封建等级制度体现了社会的理性，君主政体是最有秩序、最理性的；国王为了稳固君主专制，竭力标榜绝对君权、鼓吹唯理主义，把君主制说成是"普遍与永恒的理性"的体现，并提倡能象征中央集权的有组织、有秩序的古典主义文化。

法国的古典主义建筑发展主要分为以下几个时期。

11.1.1 法国早期文艺复兴时期

15 世纪中叶到 16 世纪上半叶，法国跨国中央政权逐步建立。在城市中，受意大利文艺复兴建筑的影响，法国的建筑平面趋于规整，但形体仍复杂，散发着中世纪的气息，尚堡府邸、维康府邸都是早期文艺复兴建筑的代表。

（1）尚堡府邸（Château de Chambord，1519—1686 年）。

尚堡府邸平面布局是对称的四面院落，宽156m，深117m。院落的南面是三层主体建筑部分，

另外三面为单层建筑（另说未建完），院落四角均有圆角楼。南面主体建筑部分平面为正方形，中央有十字形的走廊，四角也有圆角楼。屋顶高低层次复杂，高坡顶、老虎窗、采光亭、烟囱等元素显示着法国中世纪传统建筑的痕迹，但在平面布局与立面构图上的对称、墙面和檐口水平线条的细部处理，则是文艺复兴的风格，体现了文艺复兴建筑要素与法国民族传统建筑要素的叠加（图 11-1、图 11-2）。

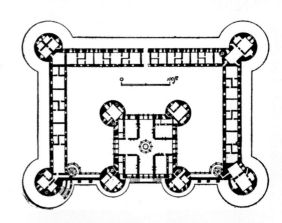

图 11-1　尚堡府邸鸟瞰

图 11-2　尚堡府邸平面图

（2）维康府邸（Vaux-le-Vicomte，1656—1660年）。

维康府邸是早期文艺复兴建筑的代表，也是法国古典主义园林的第一个成熟的代表作。维康府邸的许多设计手法，尤其是园艺设计影响深远，成为法国国王路易十四建造凡尔赛宫的蓝本。维康府邸由建筑师路易·勒·伏（Louis Le Vau）和园艺家安德烈·勒·诺特（Andrea Le Notre）分别负责建筑设计和园林设计，画家查尔斯·勒·布伦（Charles Le Brun）负责室内装饰设计。建筑布局和景观遵从轴线对称关系，其道路、绿化配置及水池亭台等景观元素全部采用几何形状。府邸建筑主体为两层，另有高坡顶和老虎窗形成的阁楼层，以及敦厚的基座层。该建筑最引人注目之处是入口处椭圆形的会客厅，它由巨大的室外台阶引导人们进入，大厅上方创造性地覆以椭圆形穹窿。会客厅两侧是对称的套房。建筑立面构图和平面布局相互呼应，中央的椭圆形穹窿和门厅凸出的柱廊形成一体，统领整个立面构图，平面两侧端部覆盖了法国独创的方穹窿，屋面高低错落富有层次。古典柱式的构图运用娴熟，意大利文艺复兴建筑对其影响十分突出（图11-3、图11-4）。

图11-3 维康府邸鸟瞰

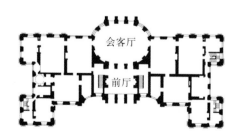

图11-4 维康府邸平面图

11.1.2 法国盛期文艺复兴——早期古典主义

16世纪下半叶到17世纪初，随着君主王权的不断加强，法国王室迁址巴黎，建筑创作从乡间转向城市。贵族府邸和宫殿建筑不断探索新的形式，最终在17世纪，形成了法国古典主义。

16世纪的意大利柱式结构给了法国早期的古典主义建筑极大的启示，它的严谨和纯粹与法国追求的理性主义非常相符。从宫廷到市政建筑，明晰可解的柱式成为建筑的基本样式。著名的建筑家弗朗索瓦·孟莎（Francois Mansart）设计的麦松府邸（1642—1650年）成了这个转变的代表作品。麦松府邸的布局非常对称，采用了U形平面，主体建筑共两层，坐落在高高的平台上，上方有高而陡的屋顶。立面构图由柱式控制，比例严谨的柱式结构贯穿主楼和侧翼，增强了古典主义的逻辑性和精确性。立面上水平的线脚和檐口加强了横向构图，并形成横三段的水平划分。入口门厅和两翼端部在平面上向前凸出，在立面上形成竖向上的五段式构图。作为早期的古典主义建筑，麦松府邸仍然保留了16世纪法国传统建筑的遗风，如高大的坡顶、老虎窗和五段式立面，但处理手法已经比较克制，笔直的天际线简洁而有张力，建筑装饰繁华，带有巴洛克风格倾向。这种建筑"横三段，竖五段"的立面构图颇具古典主义风格的雏形。随着绝对君权的强化，它渐渐演变为以宫廷建筑为代表的古典主义风格。但在这一时期，它还没有完全和宫廷文化融合，因此属于早期古典主义（图11-5、图11-6）。

图11-5 麦松府邸

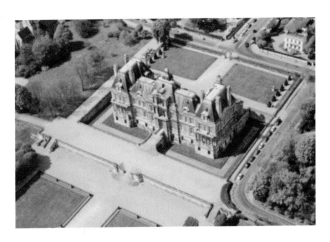

图 11-6　麦松府邸鸟瞰

11.1.3　法国绝对君权时代——古典主义盛期

古典主义建筑的极盛时期在 17 世纪下半叶，此时法国的绝对军权在路易十四的统治下达到了顶峰。法国古典主义风格的成熟以宫廷建筑为主要代表，如巴黎卢浮宫东立面。

（1）巴黎卢浮宫东立面（East Facade of the Louvre，1667—1670 年）。

卢浮宫原来采用 16 世纪法国流行的文艺复兴时期府邸建筑的形式设计，平面是一个带有角楼的封闭式四合院，54m 见方。17 世纪 60 年代，卢浮宫的四合院已经施工完成，但其文艺复兴风格已经不能适应当时君权至上的政治需求。路易十四决定重建一个更加雄伟壮观的东立面。重建方案经历了古典主义风格与巴洛克风格的屡次交锋，最终以古典主义风格的胜利宣告结束。

东立面长 172m，高 28m，采用严谨的"横三段，竖五段"式构图，并都以中央一段为构图主体（图 11-7）。横三段按照一个完整的柱式分作三部分：底层是基座，结实沉重；中段是两层高的巨柱式柱廊，采用双柱，层次丰富，虚实相映；上段是水平向的厚檐和女儿墙。中央和两端各向前凸出，将立面分为左右五段。两端及中央采用了凯旋门式的构图，而中央部分用倚柱、山花强调。卢浮宫东立面的构图尤其庄重雄伟，强调了希腊式的柱子和比例，而不是罗马式的用线条装饰的墙体，拒绝在中心建造一个引人注目的顶点以及具有古代韵味的柱列走廊，都使它不仅在被建成时受到特殊的仰慕，而且在其后几百年都被认为是法国最伟大、最杰出的建筑代表。它权威而超然的模样既是古典的又是现代的，既是庄严的又是华丽的，即是法国的又是世界的，广为欧洲各国王公所模仿。它的建成标志着法国古典主义建筑的成熟。

（2）凡尔赛宫（Palais de Versailles，1661—1756 年）。

凡尔赛宫是欧洲最宏大、最辉煌的宫殿和园林。17 世纪 60 年代初，当时的路易十四决定将王室宫廷迁出因市民不断暴动而混乱喧闹的巴黎市中心，决定以路易十三在凡尔赛的猎庄为基础，建造新的宫殿。1668 年，路易十四派遣路易·勒·伏主持了凡尔赛宫的设计与修建。

卢浮宫视频和简介

图 11-7　卢浮宫东立面

凡尔赛宫建筑外立面设计（图11-8）具有法国古典主义建筑的基本特征，横向水平层次的划分和巨柱式构图都十分明显。但与卢浮宫东立面相比，凡尔赛宫更强调立面的装饰性，尤其是外墙上精致的雕刻作品，具有巴洛克的构图元素。同时，屋面上的高坡顶和圆形的老虎窗，也反映了法国民族传统建筑的特色。

建成后的凡尔赛宫包含700多个房间，67座楼梯。南翼是王子和亲王们的住处，北翼是法国中央政府办公处。正殿是国王和王后以及太子和太子妃的寝宫，也包含了国王和大臣们朝见的多个大厅。其中的镜厅最为著名（图11-9），其内部空间装饰豪华，因内侧墙上镶有17面大镜子而得名，与对面墙上的法国式落地窗交相辉映。

西面的凡尔赛花园由安德烈·勒·诺特负责设计。凡尔赛花园规模很大，园林中间的皇家大道，长达

凡尔赛宫、文城城堡视频

3km，是整体宫殿和园林的中轴线所在，沿轴线布置着各种喷泉和十字形的大水渠。沿左右侧的大道有国王园林、王后园林、王太子园林等景观。园林全部设计成不同的几何形图案，其中的植物和树木也作几何形修剪，并点缀雕像、喷泉、花坛、草坪、跑马道、水池、河流、假山等景观元素（图11-10、图11-11）。

凡尔赛宫是17世纪法国专制王权的象征，也是法国古典主义最杰出的典范之一，是欧洲许多国家国王建造宫殿的蓝本。

图11-8　凡尔赛宫大理石庭院

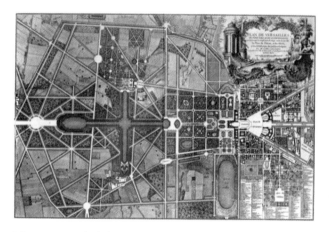

图11-10　凡尔赛宫总平面

图11-9　凡尔赛宫镜厅

图11-11　凡尔赛宫花园一角

（3）恩瓦立德新教堂（Dome des Invalides，1680—1706 年）。

恩瓦立德新教堂是 17 世纪最完整的古典主义教堂建筑，也是欧美一些国家建造宫殿和纪念性建筑所效仿的典范，教堂从平面布局到立面构图都表现出唯理主义精神。建筑师阿·孟莎将教堂接在原有的巴西利卡南端，形成整体。建筑立面构图可分为上下两段，上部以穹窿为构图的中心，显示着集中式空间的完整与统一。下部为教堂主体部分，在用横向线条强调水平层次的同时，在中间部分设有向外凸出的外廊，与上方带有采光厅的穹窿形成一体。主体部分造型方正，构图完整，在立面上与穹窿部分的高度比约为 1：1，因此又似穹窿部分的基座，形态完整，庄严挺拔。

穹顶的设计独具特色，分为三层，最里面一层用石砌，中间一层用砖砌，外层用木屋架支搭，用铅皮覆盖，越往外越轻质，这种设计使穹顶形象更饱满突出，使内部空间和外部形体都有良好的比例。穹顶直径 27.7m，是当时巴黎最大的穹顶。

教堂内部明亮，装饰很有节制，全是土黄色的石头构件，没有外加的色彩，单纯简约的柱式组合表现出严谨的逻辑性，脉络分明，现为军事博物馆，拿破仑的灵柩也停放于此（图 11-12）。

（4）旺多姆广场（Place de Vendome，1699—1701 年）。

旺多姆广场是路易十四时期建造的一座都市广场，并且在四周布置了图书馆、造币厂、外国使馆与学院，由建筑师于·阿·孟莎负责设计建造。广场平面为抹去四角的矩形，长 141m，宽 126m。一条大道在广场短边的中央通过，将其分成两个部分。广场中央原本放置着路易十四的骑马铜像，在法国大革命时期被拆除。在 19 世纪初，拿破仑一世在原位置为自己建造了记功柱，样式借鉴了古罗马时期的图拉真记功柱。广场周围的建筑立面主从关系明确，追求和谐统一，庄重而典雅，堪称古典主义的典范。横向构图上仍分为三部分：底层是嵌入式的基座，中间是两层巨柱，屋顶部分是带有老虎窗的高坡顶。在广场中轴线和四角转角处的墙面上，有由圆柱和三角形山花着重装饰的凸出体，是古典主义典型构图（图 11-13）。

建筑风格上，古典主义建筑在总体布局、建筑平面与立面造型中强调轴线对称、主从关系，提倡"横三段，竖五段"式构图，着重建筑的比例关系和几何形体，认为建筑的美是一种数学关系的反映。较具代表性的古典主义建筑是规模巨大、造型宏伟的宫廷建筑，广场建筑群，法国王室和贵族们建造的离宫和园林。

古典主义建筑排斥民族传统与地方特点，强调柱式必须遵守古典范式，尤其是古罗马帝国的规范，强调外形的端庄与雄伟，在空间效果与装饰上有强烈的巴洛克风格的特征。这种风格为欧洲先后走向君主制的几个国家所借鉴。

图 11-12　恩瓦立德新教堂正立面

图 11-13　巴黎旺多姆广场鸟瞰

洛可可风格与新古典主义风格

17世纪末到18世纪初，资本主义突起，法国的君主专制政体出现了危机，宫廷生活日渐奢靡。王室贵族和新兴的资产阶级似乎厌倦了过去的王权生活，转而去追求更新奇、有意味的艺术样式，因此，宏伟壮丽的巴洛克风格随之没落，取而代之的是轻快优雅、更注重舒适感的洛可可风格。

洛可可风格的倡导者是蓬帕杜夫人，她不但广泛地参与社会公共生活，推动着历史发展，还以文化保护人的身份左右当时的艺术风格。洛可可风格在室内设计、家具设计、绘画、陶瓷、纺织、服装等相关装饰艺术中发展比较强烈。

洛可可风格崇尚自然，因此在装饰上都尽量模仿原生态，多以贝壳、山石作为装饰，再以精致的花纹图案加以点缀，突出自然这一主题。这种风格以精巧著称，特征是烦琐、纤细、柔美，但后期有些矫揉造作。洛可可风格的房间通常造型简单，仅用安静、清淡的色彩，但表面常采用曲线装饰雕刻（图11-14、图11-15）。

与巴洛克家具的硕大、肥胖和鼓型不同，娇艳旖旎的洛可可家具追求苗条和纤细，家具腿是修长优雅的（图11-16）。此外，洛可可风格装修非常重视表面的工艺，轮廓分明。譬如橱柜、桌子、椅子的门板结构等往往会用到几何图形。为了追求完美，洛可可风格的家具特别注重矩形之处的自然衔接，利用雕刻描金、线条着色、青镀金等装饰方法，让人们不去注视矩形的连接方式，使其能够自然过渡，呈现一个良好的视觉效果。洛可可风格表现了贵族阶层颓丧、享乐、浮华的审美情趣，精致私邸代替了宫殿和教堂成了潮流的引领者。

图11-14 慕尼黑宁芬堡宫镜厅室内装饰

图11-15 小特里阿农宫内景

图11-16 洛可可风格的家具样式

随着时间的推移，自由奔放的洛可可风格逐渐流于形式，到了18世纪中叶逐步走向颓废。启蒙运动的兴起，使善变的法国贵族将喜好转移到设计极为体面且舒适的新古典主义风格上。新古典主义风格重视理性，室内的装潢与家具都是依从明晰的直线及对称法则来完成的。墙壁表面以重复图形分隔为长方形，并加入花圈、月桂树等装饰。

其中，凡尔赛花园北面的小特里阿农宫内部空间可以被看作法国洛可可设计的巅峰，同时也是新古典主义的开端。随后，新古典主义在西欧各国得到了普遍的接受，其中位于英国的赛恩别墅（图11-17），就以新古典主义的手法生动地再现了罗马帝国高贵富丽的王者风范，同时向人们证明了罗马建筑的优雅古韵在18世纪仍能大放异彩。

结合前面的学习，对巴洛克风格、洛可可风格、新古典主义风格作出如表11-1所示的总结。

图 11-17　塞恩别墅内景

表 11-1　巴洛克风格、洛可可风格和新古典主义风格

名称	时代	发源地	主要特征	代表建筑（室内设计）
巴洛克风格	17—18世纪初	意大利	豪华、浮夸，善于运用矫揉造作的手法来营造特殊效果，强调动感，炫耀财富，追求新奇。建筑、室内装饰、家具等使用夸张的形式，彰显社会地位和品位。绘画和雕刻被广泛地运用于天花和墙面，题材以历史、神话、肖像为主	凡尔赛宫、维尔茨堡宫殿、圣约拿大教堂
洛可可风格（路易十五式）	18世纪	法国	追求细腻柔媚，又浮华烦琐，常常采用不对称手法，喜欢用弧线和S形线，尤其爱用贝壳、旋涡、山石作为装饰。天花和墙面有时以弧面相连，转角处布置壁画，表面常采用曲线装饰雕刻	巴黎苏比斯府邸、阿玛林堡的镜子厅
新古典主义风格	18世纪中叶	法国	室内改用建筑形式的三段式构图方式，以对称与严格比例为基础的直线构成。家具也是按严格比例由直线构成，装饰采用科林斯柱式、带状重复图案。家具的表面用木板拼贴，家具脚为雕有沟槽的圆形直线式脚架	小特里阿农宫、西昂府邸、赛恩别墅

12

东方封建社会
传统建筑

掌握伊斯兰古建筑的艺术和技术特征，熟悉伊斯兰古建筑实例（如耶路撒冷的圣石寺、阿尔汉布拉宫等）；掌握日本古建筑的艺术特点和园林特色，了解其主要的建筑类型及代表性建筑。

考虑到人类文明最早在亚欧大陆出现，在以亚欧大陆为核心的叙事情景里，大陆西侧的地区叫西方，而大陆东侧的地区叫东方。虽然"东方"和"西方"在概念上并不恒定，但考虑到地域和宗教文化，我们把东方封建社会传统建筑主要分为三大片：一片是伊斯兰世界；一片是印度和东南亚；一片是中国、朝鲜和日本。下面我们就影响较大的伊斯兰古建筑和日本古建筑作深入讲解。

12.1 伊斯兰古建筑

12.1.1 伊斯兰古建筑的历史背景

伊斯兰教文化覆盖范围很广，各地政治关系复杂，文化经济交流频繁，手工业和商业发达。伊斯兰古建筑主要分布在西班牙、北非、西亚、中亚、伊朗和印度等国家或地区。其中，伊朗、中亚以及印度的伊斯兰古建筑影响较大，水平高超，风格成熟。

12.1.2 伊斯兰古建筑的风格特征

① 结构技术。

伊斯兰古建筑善于使用多种拱券，采用大小穹顶覆盖主要空间。纪念性建筑的穹顶位于中央主体上，为求高耸，在其下加筑一个高高的鼓座，起统率整体的作用，为使内部空间完整，在鼓座之下另砌穹顶。

② 主要建筑类型：清真寺、陵墓、宫殿。

阿拉伯人本是游牧民族，没有自己的建筑传统。他们占领了叙利亚之后，第一个王朝建都大马士革，就用当地的基督教堂作清真寺。基督教堂是巴西利卡

寻找承载人类千年朝观之旅的足迹视频

式的，东西布置，圣坛在东，信徒向耶路撒冷礼拜。而伊斯兰信徒须朝两河南部的麦加朝拜，于是就横向使用，久而久之，形成了横向的巴西利卡形制。

③ 建筑的一般特征。

清真寺与住宅形制相似，以拱门、尖顶、拱形圆顶为特点，在立方体房屋上覆盖穹窿，有形式多样的拱券，且拱券式样富有装饰性。建筑喜用满铺的表面装饰，题材与手法大致一样，装饰纹样受《古兰经》制约。

④ 清真寺的主要形制。

清真寺为封闭式庭院，周围有柱廊，院落中有洗池，朝向麦加方向加宽做成礼拜殿。西亚的清真寺大都采用横向的巴西利卡形制。中亚一带引进了集中式形制。寺内建有数量不等的宣礼塔（又称光塔、邦克楼），成为外部构图的重要因素。

12.1.3 伊斯兰古建筑实例

（1）耶路撒冷圆顶清真寺（The Dome of the Rock）。

圆顶清真寺建于688—692年，是现存最古老的清真寺之一，也是少数没有宣礼塔的清真寺。该寺属集中式形制，平面呈八角形，中央有一夹层的穹窿，

直径20.6m，下面是圣岩，外立面门窗采用券拱结构，周围环有二重回廊。这表明早期的伊斯兰建筑主要受拜占庭风格的影响。圆顶清真寺的圆顶上铺有金箔，璀璨夺目，室内外的琉璃镶嵌异常精美（图12-1、图12-2）。

耶路撒冷、伊斯兰建筑视频，伊斯法罕皇家清真寺简介

（2）阿尔汉布拉宫（Alhambra Palace）。

阿尔汉布拉宫，阿拉伯语意为"红堡"，为中世纪摩尔人在西班牙建立的格拉纳达王国的王宫。宫殿建于13—14世纪，由摩尔人所建，是伊斯兰艺术在西班牙的瑰宝。宫殿坐落在海拔730m高的地形险要的山丘上，由众多院落组成，其中狮子院较为有名。狮子院中较长的东西轴线由覆盖着喷泉的突出亭阁加以限定，喷泉中溢出的水经过水泉渠排放到庭院中间，形成十字交叉水渠，四周回廊由连续券拱支撑，券拱上的雕刻图案精美无比（图12-3、图12-4）。

图12-3　阿尔汉布拉宫狮子院

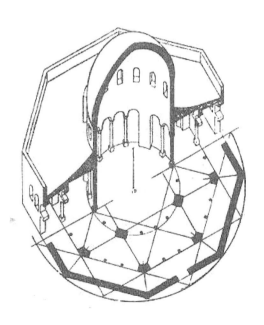

图12-1　圆顶清真寺剖面图

图12-2　圆顶清真寺实景图

图12-4　钟乳石拱门

（3）印度的泰姬陵。

泰姬陵建于1630—1653年，被誉为"印度的珍珠""世界新七大奇迹之一"，是莫卧儿皇帝为他的爱妃蒙泰吉修建的陵墓。

泰姬陵主体建筑坐落在矩形台基上，全用白色大理石建成，局部镶嵌有各色宝石。建筑形体四面对称，每面中部有波斯式的半穹窿门殿。中央大穹窿直径17.7m，穹顶离地61m，也是波斯尖顶（实是印度弓形尖券）。台基四角有四座41m高的邦克楼。

大门与陵墓由一条宽阔笔直的用红石铺成的甬道相连接，左右两边对称，布局工整。在甬道两边是人行道，人行道中间修建了一个"十"字形喷泉水池，其四臂代表《古兰经》里"天园"中的水、乳、酒、蜜四条河。水道两旁种植有果树和柏树，分别象征生命和死亡。泰姬陵的艺术成就，在于建筑总体布局完美，有良好的视觉观赏距离，建筑色彩沉静明丽，洋溢着欢乐的气息，创造了肃穆又明朗的形象。同时，

图12-5　泰姬陵实景图　　图12-6　泰姬陵平面图

建筑细部装饰很精致，大部分都是由各色大理石镶嵌而成的，重点部位镶嵌宝石，技艺娴熟，巧夺天工（图12-5、图12-6）。

此外，伊斯兰古建筑的典型代表还有开罗的苏丹哈桑礼拜寺、伊斯坦布尔的阿赫默德一世礼拜寺、叙利亚大马士革的大礼拜寺、埃及开罗的伊本·土伦礼拜寺、西班牙的科尔多瓦大清真寺、西班牙格兰纳达的阿尔汉布拉宫等。

12.2　日本古建筑

12.2.1　日本古建筑历史背景

日本古建筑主要指日本明治维新之前的建筑。日本为岛国，大部分地区气候温和，雨量充沛，盛产木材，自公元1世纪（弥生时代）便用木构架建造建筑。公元6世纪后（古坟时代—飞鸟时代），随着中国文化的影响和佛教的传入，日本开始采用瓦屋面、石台基、朱白相映的色彩以及有举架和翼角的屋顶，出现了庄严宏伟的佛寺、塔和宫室，神社和住宅的样式也发生变化。日本古建筑的发展大致可以分为四大时期（表12-1）。

日本古建筑相关简介

表12-1　日本古建筑发展时期

时期名称	时间
飞鸟时期	6世纪中叶以后
奈良时期	8世纪以后
桃山时期	16世纪
明治时期	17—18世纪

12.2.2　日本古建筑的类型

1. 神社

神社是日本最典型的建筑类型之一。神社崇奉自然神，模仿住宅，建于景色优美的地区，其典型布局为鸟居—净盆—本宫。

神社形制基本相似，正殿为长方形或正方形，有的分里外两间；木梁架近似抬梁式或穿斗式，两坡屋

顶，悬山造。正脊上横向安置一排圆木，即坚鱼木。脊的两端有一对方木相互交叉挑起，名为千木。地板多架起1m以上，四周有时还延伸出平台，叫"高床"。门前设小而陡的木梯，朝圣者须小心拾阶而上，为"神明造"。本殿前有"净盆"，净盆前有正道，入口处有牌坊式大门，名"鸟居"（图12-7）。

图12-8　伊势神宫

图12-7　稻荷大社的千鸟居

神明造以伊势神宫为代表，是日本最古老、最神圣的神社，位于三重市的海滨密林里，分为内、外两宫，内宫称"皇大神宫"，祭祀天照大神，大约建于公元纪元前不久。外宫大约晚于内宫500年，称"丰受大神宫"。丰受大神专司天照大神的食物。内宫、外宫形式大体相同，社屋为三开间，正面明间开门，屋顶为悬山式。坚鱼木两端、千木上、栏杆、地板和门扉节点还包裹了一些金叶子，闪烁发光，增添高贵精神。本宫后有东西一对宝殿，是库房，形式与正殿相似但空间偏小。周围长方形地段围着木栅，场地内全铺卵石。卵石粗糙的质感把建筑衬托得更加精美。鸟居也十分简单，整体与建筑本身的比例和谐。

伊势神宫的建造模式也极为独特，建成后的1300多年间，每20年便要根据特定仪式按照原型重新建造一遍，也就是"式年迁宫"，每一次迁宫都要花费8年时间，通过不断重建让神宫保持年轻，也称为"常若"（图12-8）。

2. 佛寺

（1）法隆寺（图12-9）。

日本法隆寺的金堂和塔（670年被毁，708—715年重建），是日本现存最古老的木构建筑。

法隆寺金堂有两层，底层面阔5间，进深4间，二层则各减一间，歇山顶，用梭柱。出檐宽阔（下层出檐5.6m，而柱高4.5m），因为二层檐柱在底层金柱之上，收缩很大，出檐显得更深远，但稍觉束腰太细。

法隆寺塔共5层，塔内有中心柱，由地平面直贯宝顶。法隆寺塔总高32.45m，其中，相轮约高9m。各层面阔不大，层高小（底层柱高约3m，二层柱高约1.4m），但出檐很大（底层出檐4.2m），所以这座塔仿佛是几层屋檐的重叠，非常轻快俊逸。

金堂和塔的斗拱在外檐用云拱、云斗，用单拱而不用重拱，用偷心造而不用计心造，是日本斗拱的重要特点，角椽平行，把后尾固定在角梁上，类似中国北齐的义慈惠石柱的做法。

图12-9　法隆寺

日本其他神社形制、日本佛教建筑发展历程、日本佛教建筑案例简介

（2）唐招提寺金堂（图12-10）。

唐招提寺金堂位于奈良，于759年由中国高僧鉴真和尚主持建造，代表着中国唐代纪念性建筑的风格，雍容大方，端庄平和。该金堂面阔7间，进深4间，前檐有廊，正面开间由中央向两侧递减，略微体现一点主次。柱头斗拱为六铺作，双抄单下昂，仍然是单棋，偷心造，补间只有一个斗子蜀柱。

图12-10　唐招提寺金堂

（3）鹿苑金阁寺（图12-11）。

鹿苑金阁寺建于1379年，原为幕府首领足利义满将军的山庄，后改为禅寺。上下三层，自下而上分别为法水院、潮音洞、究竟顶。上两层满贴金箔，十分奢华，故名金阁寺。

图12-11　鹿苑金阁寺

（4）东大寺大佛殿（图12-12）。

东大寺大佛殿初建于751年，面阔11间，进深7间，2层，高42.27m，有84根大柱子，是日本最大的木构建筑物，后来不幸焚毁，重建于1696年，面阔减为7间，仍是日本最大的木构建筑。东大寺大

图12-12　奈良东大寺大佛殿

佛殿结构为天竺式，细节部分有些为唐式，重檐庑殿顶，下层檐口在明间断开，另罩一个弓形的千鸟破风。

3. 都城与城堡

（1）平城京（图12-13）。

日本早期有很多京都，传统习惯是每换一个新天皇就迁一次都城，所以都城较多。封建制度确立后，日本在8—9世纪把首都稳定下来，先后建造了平城京（708—710年）和平安京（793—805年）。

平城京，今奈良，仿隋唐长安城，南北约4.8km，东西约4.3km，东北部还有一方"外京"。正中朱雀大路把城市分为"左京"和"右京"两部分，各有4条南北大路，东西大路共9条。大路之间是居住区，正方形，被纵横各3条小路分为相等的16个町，每町约120m见方。左右京各设"东市""西市"。宫城位于朱雀大路北端，称为大内里。进门正中轴线上是朝堂院，东西180m，南北490m。朝堂院之北，中轴线上是皇宫，称为内里，周围有复廊。

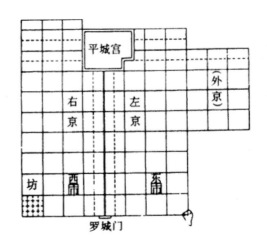

图12-13　日本平城京平面图

（2）天守阁。

天守阁是日本城堡中最高、最主要也最具代表性的部分，具有瞭望、指挥的功能，是一种集宫殿、住宅、商业于一体的建筑，是各地诸侯的政治中心和军事堡垒，也是封建时代统御权力的象征之一。

其中，位于兵库县的姬路城天守阁（图12-14）是迄今为止保存最好的天守阁，高33m，底面东西长22～23m，南北长17m，守备森严。该天守阁前的路径曲折难入，路两侧夹着石墙，设一道道关门。墙面上有狭长的箭矢孔和铁炮孔。整座建筑群立在大块毛石砌筑的高台上，高台立面收分很大，天守阁的面阔也逐层收缩，多层出檐加强了视觉高度，形象威武雄壮。

图12-14 天守阁

4. 府邸住宅

日本的居住建筑风格与中国大不相同。日本房间双向布置，住宅四面开窗，结构大多以轻型结构灵活架搭，内部空间更自由。具体风格有：8—11世纪的寝殿造，11—16世纪的主殿造，16—17世纪的书院造，17世纪之后数寄屋风的书院造。

其中寝殿造受到了中国的较多影响，通过皇宫、庙宇的建设而在日本的贵族府邸中流行。它的基本形制是：正屋居中，前有池沼，两侧有配屋，其间连以开敞的游廊。更复杂一些的，在配屋外侧又向前伸出中廊，到池沼边沿以亭阁结束。建于平安时代的平等院凤凰堂（1053年）就是最典型的寝殿造（图12-15）。

主殿造是简化版的寝殿造。书院造在主殿造的基础上发展而来，于室町时代兴起，主要为武士阶层住宅。其中，名古屋的本丸御殿和京都二条城的二之丸御殿（图12-16）并列为武家风书院造双璧。

图12-15 平等院凤凰堂

图12-16 二条城二之丸御殿唐破风[1]山花

经安土桃山时代定型并发展出数寄屋风书院造（茶室风），此后相沿至今，成为今日"和室"的基准。

16世纪末，千利休继承、汲取了历代茶道精神，创立了日本正宗茶道。他是日本茶道的集大成者。茶道中注入了禅宗寂灭无为的哲理，倡导人与自然的和谐，返璞归真。草庵风茶室即为此种精神的体现，代表了日本建筑与室内设计的一个重要传统特色。草庵风茶室一般比较小，内部面积多为四席半（约9m²）。相传茶道名人利休设计的京都妙喜庵待庵茶室更小，仅有两席大小。茶室以其"小"来表现谦虚淡泊的态度，并拉近与人的心理距离（图12-17）。

---

[1] 唐破风：指将中国式屋顶的山花式屋檐演变成具有中国式弓状的山花墙，并由精致的雕刻和金色的铜纹装饰。

图 12-17　草庵风茶室

数寄屋是一种平台规整、讲究实用的日本田园式住宅，是茶室风格的意匠与书院式住宅加以融合的产物，常用"数寄"分割空间，惯于将木质构件涂刷成黝黑色，并在障壁上绘水墨画，意境古朴高雅。

数寄屋的代表建筑有桂离宫新书院、修学院离宫、曼珠院书院、临春阁（三溪园）和角屋。

5. 园林景观

日本庭园深受中国园林影响，又具有日本特色。从早期的池泉庭园、寝殿造庭园、净土庭园，到枯山水（书院造）庭园（图 12-18）、茶庭、回游庭园、江户园林，日本庭院在世界园林中独树一帜。

枯山水是日本写意园林的代表。它是一种象征性的山水缩景，反映着禅宗的理念和自然观。枯山水多为面积不大的闲庭小院，以石象征山峦，白砂象征湖海，点缀少量的灌木或者苔藓、蕨类，在尺寸之间幻化出江河湖海和千岩万壑。

枯山水的代表建筑有京都大德寺大仙院、龙安寺石庭（图 12-19）、银阁寺庭园等。

图 12-18　枯山水庭园

图 12-19　龙安寺石庭

日本建筑相关视频

12.3 东方封建社会的传统室内装饰艺术及家具风格

12.3.1 伊斯兰传统室内装饰艺术及家具风格

伊斯兰的室内装饰在继承古波斯传统的基础上，吸取了西方的古希腊、罗马、拜占庭和东方的中国、印度的文化艺术，创立了自己独一无二的光辉灿烂的室内装饰风格。

伊斯兰的室内装饰主要表现为两大类。一类是多种花式的拱券和与之相适应的各式穹顶。拱券的形式有双圆心的尖券、马蹄形券、海扇形券、复叶形券、盖层复叶形券等（图12-20）。它们具有强烈的装饰效果，如复叶形券和海扇形券在叠层时具有蓬勃升腾的热烈气势。在进行室内设计时，拱券的建造常采用小于或大于半圆的连续曲线形式。另一类是内墙装饰。往往采用大面积表面装饰，采用种种不同的手法，如在墙面上作粉画：在厚灰浆层尚未干燥时在上面模印图案，具有很强的立体感和肌理效果；用砖直接砌出图案花纹；用马赛克或石材拼出各色图案（图12-21）。

图12-21　帝国大殿的墙地面马赛克拼花

伊斯兰室内装饰的显著特征是不用人物与动物图案装饰，这导致它形成了一套独特的表面装饰语言。其室内外装饰一般由花草、纯几何图案和经书上经文的书法组合而成（图12-22）。

在清真寺的经坛、隔板和围栏中雕以精美的木雕，有时壁龛也用木雕。住宅中的门窗往往也是木雕的，另外也有石膏板、大理石的雕花和透雕。由于中亚及伊朗高原自然景色较单调，故人们喜欢用浓烈的色彩装饰。室内喜欢用蓝、绿、红、紫等色彩（图12-23）。

伊斯兰建筑室内很少摆放家具，人们习惯席地而坐，地面大多铺设地毯，低矮的长凳或长椅常覆盖织

图12-20　设拉子清真寺的连续拱券

图12-22　蓝色清真寺内的花纹贴瓷

图 12-23 清真寺天花板顶用色

图 12-24 二条城大殿壁画装饰

图 12-25 传统和室住宅内景

物、毛毯或者垫子，墙面装饰着挂毯。室内风格倾向于精致、华丽、优雅。

12.3.2 日本传统室内装饰艺术及家具风格

日本火山、海啸、地震等自然灾害频发，各类资源相对匮乏，所以在传统室内设计方面力求简单、质朴、安全性强。日本的传统房屋基本由木及纸张构造而成，室内各房间的分割多用推拉格子门，可开可闭，内外通透，不占空间，构造简单。日本民间的住宅墙面很少有装饰，皇宫和贵族的大殿墙上多有精美绘画（图 12-24），这些墙绘作品内容丰富，描写细腻。房间之间相互隔开的上方构造，以通风、采光为目的，一般多采用纵横格子或雕刻装饰。

和室住宅的地板常高架于地面，一般比室外高600 mm 左右，这样可使底部通风从而保持室内地面干燥。地板上铺设"榻榻米"（一种草编的席子），人们不穿鞋子，坐卧其上。和室的大小用榻榻米的张数来表示。由于供热系统相对有限，在客厅的地板上，往往嵌有一个方形的炉膛，用来烧炭。

和室的墙面一般设有壁龛，占一席或半席之地，用来挂轴、放插花。地板是镶过的，一般比周围高出那么一截，自古用作向神灵跪拜，在室町时代成为构造定式，开始具有装饰房间的作用（图 12-25）。

传统的日本室内，人们坐卧都在地面的垫子上，因而家具不是固定元素，有些箱柜和架子用来储物，可移动的屏风也常见于室内，它们的造型大多简洁朴质，一般在皇家贵族的家具上才会有精美的镶嵌工艺装饰。

日本人民歌颂自然、热爱自然，享受四季的微妙变化，在选用天然材料的同时，十分注意充分利用材料的自然属性。他们善于利用材料的质感、肌理、色彩以及不同的组合方式等来达到丰富细部的目的。日本工匠师们在重要的宗教建筑和宫殿建筑中也延续了此特色。

13

18世纪下半叶—
19世纪下半叶
欧美建筑

了解工业革命对该时期的城市与建筑的重要影响；了解建筑创作中的复古思潮，并熟悉各思潮的代表案例；了解并熟悉建筑的新材料、新技术和新类型。

13.1 工业革命对城市与建筑的影响

从 17 世纪（1640 年）英国资产阶级革命到普法战争和巴黎公社革命（1871 年），这是欧洲封建制度逐渐瓦解直至灭亡的时期，是资本主义在先进国家中取得胜利的时期，也是自由资本主义形成和发展的时期。

虽然英国资产阶级革命出现于 17 世纪，但是欧美资本主义国家城市与建筑的重大变化却出现在 18 世纪的工业革命以后，尤其是 19 世纪下半叶，工业革命的影响范围已从轻工业（如纺织等）转至重工业，铁的产量大增，为建筑新技术与新形式的出现奠定了基础。

工业革命给城市与建筑带来了一系列新的问题。

（1）因生产集中而引起人口恶性膨胀，土地的私有制和房屋建设的无政府状态使得大工业城市产生混乱。

（2）出于牟利或政治目的，资产阶级大量建造房屋，而广大的无产阶级仍只能居住在简陋的贫民窟中，导致了严重的"房荒"。

（3）科学技术的进步，新的社会生活的需要，新建筑类型的出现，已对建筑形式提出了新的要求。

因此，在资本主义初期，建筑创作方面产生了两种不同的倾向：一种倾向于反映当时社会上层阶级观点的复古思潮；另一种则倾向于探求建筑的新技术、新形式和新类型。

13.2 建筑创作中的复古思潮

建筑创作中的复古思潮是指从 18 世纪 60 年代到 19 世纪末在欧美流行的古典复兴、浪漫主义与折中主义。它们的出现，主要是因为新兴的资产阶级有政治上的需要，旨在利用历史样式，从古代建筑遗产中寻求思想上的共鸣（表 13-1）。

表 13-1　各复古思潮的代表作和艺术特点

类别	代表作	艺术特点
古典复兴建筑（新古典主义）	雄狮凯旋门、大英博物馆、勃兰登堡门以及柏林宫廷歌剧院	以古罗马、古希腊复兴为主，体现严谨、庄严和宏伟的主题
浪漫主义建筑	伦敦国会大厦、新天鹅堡	以哥特复兴为主，建筑形象多富幻想，灵动绮丽
折中主义建筑	巴黎歌剧院、圣心教堂	对过去的风格不分彼此、融会贯通，又称为集仿主义

13.2.1　古典复兴

古典复兴是资本主义初期最先出现在文化上的一种思潮，建筑史上是指18世纪60年代到19世纪末在欧美盛行的仿古典的建筑形式。这种思潮受到当时启蒙运动的影响。

启蒙运动核心资产阶级人性论的主要内容是自由、平等、博爱，唤起了人们对古希腊、古罗马的礼赞，成为资本主义初期古典复兴建筑思潮的社会基础。

古典复兴建筑在各国的发展有所不同。大体上，法国以罗马式样为主，英国、德国以希腊式样为主。

古典复兴建筑主要是为资产阶级政权与社会生活服务的国会、法院、银行、交易所、博物馆、剧院等公共设施，还有纪念性建筑。古典复兴对一般住宅、教堂、学校等建筑类型影响较小。

法国在18世纪末到19世纪初是古典复兴运动的中心。法国大革命前后，建造了古典复兴建筑——巴黎万神庙（图13-1）。巴黎万神庙本来是献给巴黎的守护神圣什内维埃芙的教堂，后来用作国家重要人物公墓，改名为万神庙。它的形体简洁，几何性明确，力求把哥特式建筑结构的轻快同希腊建筑的明净和庄严结合起来。

图 13-1　巴黎万神庙

拿破仑帝国时代，巴黎建造了许多国家级纪念性建筑，如星形广场凯旋门（图13-2）、马德莱娜教堂等。这些建筑追求外观上的雄伟、壮丽，内部使用了东方的各种装饰或洛可可装饰手法，形成所谓的"帝国式"风格。

德国以希腊复兴为主，代表作有以雅典卫城山门为灵感的柏林勃兰登堡门（图13-3）、申克尔设计的柏林宫廷剧院（1818—1821年）、柏林老博物馆（1824—1828年）等。

图 13-2　巴黎星形广场凯旋门

图 13-3　柏林勃兰登堡门

19世纪初，由于英法之间战事正酣，英国抛弃了拿破仑皇帝的建筑摹本——古罗马建筑，转向古希腊复兴，期间修建的大英博物馆（图13-4）便是最突出的代表作。

古典复兴在美国盛极一时，尤其是以古罗马复兴为主。如1793—1867年建的美国国会大厦（图13-5），仿照巴黎万神庙的造型，极力表现雄伟的纪念性。美国独立之前，建筑造型为"殖民时期风格"，独立之后，美国资产阶级借助于希腊、罗马的古典建筑来表现民主、自由、光荣和独立，古典复兴建筑盛极一时。

凯旋门、勃兰登堡门、大英博物馆、美国国会大厦视频，马德莱娜教堂简介

图 13-4　大英博物馆

图 13-6　英国国会大厦

会大厦（图 13-6）。

英国国会大厦采用的是亨利五世时期的哥特垂直式，原因是亨利五世（1387—1422 年）曾一度征服法国，采用这种风格便象征着民族的自豪感。英国女王为对抗勃兴的社会主义运动和唯物主义思想而采用了哥特复兴的手法，形式上给人一种社会权力稳定向上的印象。英国议会由上议院和下议院组成，在威斯敏斯特大厅有两条通道分别通往上议院和下议院的办公场所和会议场所。整个国会大厦占地 3 万平方米，走廊长度共计 3km，共有 1100 个房间、100 多个楼梯和 11 个内院。

图 13-5　美国国会大厦

13.2.2　浪漫主义

浪漫主义是 18 世纪下半叶到 19 世纪上半叶活跃于欧洲文学艺术领域的一种主要思潮，在建筑上也有一定的反映。浪漫主义建筑主要为教堂、学校、车站、住宅等。大体上来说，浪漫主义在英国、德国流行较广，时间较早；而在法国、意大利则流行较少，时间较晚。

18 世纪 60 年代到 19 世纪 30 年代是第一阶段，称为先浪漫主义。19 世纪 30 年代到 70 年代是第二阶段，称为哥特复兴，这也是英国浪漫主义建筑的极盛时期。由于在反拿破仑的战争中，各国的民族意识高涨，热衷于发扬本民族文化传统，而中世纪闭关自守状态下的文化，最富民族特点；在拿破仑失败后，欧洲反动者又嚣张一时，开始鼓吹恢复中世纪的宗教，使用中世纪的建筑式样。这时期的代表建筑为英国国

13.2.3　折中主义

折中主义是 19 世纪上半叶兴起的一种创作思潮。折中主义任意选择与模仿历史上的各种风格，把它们组合成各种式样，又称为"集仿主义"。折中主义建筑并没有固定的风格，但讲究比例，常沉醉于对"纯形式"美的追求。

折中主义在 19 世纪至 20 世纪初在欧美盛极一时，19 世纪中叶以法国最为典型；19 世纪末与 20 世纪初以美国较为突出。法国巴黎美术学院在 19 世纪与 20 世纪初成了整个欧洲和美洲各国艺术和建筑创作的领袖，是传播折中主义的中心。

（1）巴黎歌剧院（1861—1874 年）。

巴黎歌剧院立面的构图骨架是鲁佛尔宫东廊的样式（图 13-7），但加上了巴洛克装饰。观众厅的顶装饰像一枚皇冠，门厅和休息厅特别富丽，充满巴洛克式的雕塑、挂灯、绘画等。它的楼梯厅设有三折楼梯（图 13-8），构图非常饱满，是建筑艺术的中心，也是交通的枢纽。

英国国会大厦简介

图 13-7　巴黎歌剧院

图 13-8　巴黎歌剧院楼梯厅

（2）罗马伊曼纽尔二世纪念碑（1885—1911 年）。

罗马伊曼纽尔二世纪念碑采用了罗马的科林斯柱廊和类似希腊古典晚期宙斯神坛的造型（图 13-9）。

（3）巴黎的圣心教堂（1875—1877 年）。

巴黎的圣心教堂呈白色，其风格奇特，既像罗马式，又像拜占庭式，兼取罗马建筑的表现手法。它洁白的大圆顶具有罗马式与拜占庭式相结合的别致风格，颇具东方情调（图 13-10、图 13-11）。

图 13-10　圣心教堂外景图

图 13-11　圣心教堂内景

图 13-9　罗马伊曼纽尔二世纪念碑

巴黎歌剧院、巴黎圣心大教堂视频

13.3　建筑的新材料、新技术和新类型

13.3.1　新材料、新技术的应用

（1）初期生铁结构。

1775—1779 年在英国塞文河上建造了第一座生铁桥。桥的跨度达 30 m，高 12 m。

1793—1796 年在伦敦建造了一座单跨拱桥——森德兰桥，由生铁制成，全长 72 m（图 13-12）。

1786 年在巴黎为法兰西剧院建造的铁结构屋顶，是以铁作为房屋的主要材料，应用于屋顶的实例。

（2）铁和玻璃的配合。

1829—1831 年在巴黎老王宫的奥尔良廊（1762—1853 年）中最先应用了铁构件与玻璃配合建成的透光顶棚。

1833 年出现了第一个完全以铁架和玻璃构成的巨大建筑物——巴黎植物园温室（图 13-13）。

（3）框架结构的应用。

框架结构最初在美国得到发展，主要特点是以生铁框架代替承重墙。

图 13-12　英国第一座生铁桥

图 13-13　巴黎植物园温室

　　1854 年纽约哈珀大厦是初期生铁框架建筑的例子。美国在 1850—1880 年"生铁时代"中建造的商店、仓库和政府大厦多应用生铁构件作门面或框架。

　　第一座依照现代钢框架结构原理建造的高层建筑是芝加哥家庭保险公司大厦，它的外形还保持着古典的比例（图 13-14）。

　　④ 升降机与电梯的应用。

　　最初的升降机仅用于工厂，后逐渐用于一般高层房屋上。

图 13-14　芝加哥家庭保险公司

　　第一座真正安全的载客升降机是美国纽约奥蒂斯发明的蒸汽动力升降机，在 1853 年世界博览会上展出。1864 年升降机技术传至芝加哥，1870 年贝德文在芝加哥应用了水力升降机，1887 年发明电梯。

　　欧洲的升降机出现较晚，1867 年在巴黎国际博览会上装置了一架水力升降机，在 1889 年应用于埃菲尔铁塔（图 13-15、图 13-16）。

图 13-15　埃菲尔铁塔

图 13-16　埃菲尔铁塔的电梯

埃菲尔铁塔视频

13.3.2　新建筑类型

　　（1）图书馆。

　　1843—1850 年，法国建筑师拉布鲁斯特在巴黎建造的圣吉纳维夫图书馆是法国第一座完整的图书馆建筑，铁结构、石结构与玻璃材料得到了有机结合。

　　1858—1868 年，拉布鲁斯特设计的巴黎国立图书馆，书库共有 5 层，能藏书 90 万册，地面与隔墙全部用铁架与玻璃制成，既解决了采光问题，又保证了防火安全（图 13-17）。

　　（2）市场。

　　市场建筑中出现了巨大的生铁框架结构的大厅。如 1824 年建于巴黎的马德莱娜市场，1835 年在伦敦建造的亨格尔福特鱼市场，英国利兹货币交易所（图 13-18）等。

图 13-17　巴黎国立图书馆

图 13-18　英国利兹货币交易所

（3）百货商店。

百货商店最先出现于 19 世纪的美国，是在仓库建筑形式的基础上发展的。如纽约华盛顿商店（1845年），它的外观保持着仓库建筑的简单形象。

（4）博览会与展览馆。

博览会的产生是近代工业发展和资本主义工业品在世界市场竞争的结果。

在国际博览会中有两次突出的建筑活动：一是 1851 年在英国伦敦举行的世界博览会的"水晶宫"展览馆；二是 1889 年在法国巴黎举行的世界博览会的埃菲尔铁塔与机械馆。

伦敦"水晶宫"，设计者帕克斯顿，总面积 74000 m^2，长 555 m，宽 124.4 m。外形为一简单的阶梯形的长方形，并有一个与之垂直的拱顶，用不到 9 个月时间装备完成（图 13-19）。

图 13-19　伦敦"水晶宫"

13.4 工业革命与室内设计

早期的工业革命对室内设计的影响，技术性大过美学性。走向现代化的管道系统，照明和取暖方式的出现，使得先前室内的某些重要元素逐渐过时。中央管道的出现，让流动的水成为可能，抽水马桶和淋浴逐渐成了城市住宅的标准。此外，中央取暖系统也逐渐代替了火炉和壁炉。到 18 世纪末，仅限于蜡烛的人工采光通过一系列发明得到改善，如油灯和煤气灯被更为稳定明亮的白炽光替代。

工业革命带来的变化打乱了设计历史上长期的延续性。与机械化有关的诸多生产领域的社会和经济变化，为设计师带来了新的环境。这一时期，复古风潮此起彼伏，19世纪后以装饰为主的维多利亚风格应运而生（图13-20），维多利亚风格喜欢对所有复古样式的元素进行私有组合，各种复古风格衍生的母题（如罗可可涡卷纹、哥特风格的尖塔纹、文艺复兴式的绞缠纹等）常常混用，并重新加入现代元素，运用新材料改进原有的建造方法（如多层版胶合板，电镀等工艺）。维多利亚风格在视觉设计上矫揉造作，装饰烦琐，异国风气占了主要地位（图13-21）。

　　喜爱对所有样式的装饰元素进行自由组合的维多利亚式室内设计很难分类，样式的混合和没有明显样式基础的创新装饰的运用是当时家具和其他用品设计的典型特征。

　　这一时期由于采用工厂生产的方法使得装饰用品比较廉价，可供给大众。新材料、新技术的发展使得物品的种类焕然一新。由于蒸汽压力机技术的运用，成本低廉的胶合板也被投入家具生产，弯曲木家具开始被大量生产出来。贴墙纸成了大受欢迎的墙壁处理形式。

图13-20　维多利亚风格的客厅（法兰克·弗内斯）

圣潘克勒斯火车站、奥古斯特佩雷的混凝土时代视频

图13-21　金斯科特住宅

14
欧美探求
新建筑运动

14.1 新建筑运动概述

从 1871 年的巴黎公社革命至 1917 年俄国的十月社会主义革命和 1918 年的第一次世界大战结束，这一时期是自由竞争的资本主义为垄断的资本主义所更替的时期。在这个时期内，资本主义国家以德、法、英、美等国家最有代表性。

资本主义世界工业产值倍增，城市人口不断增长，城市建设不断发展，与世界各国的经济与文化的联系不断密切。建筑迅速摆脱了旧技术的限制，摸索着更新材料和结构。钢和钢筋混凝土的广泛应用促使设计师开始摒弃古典建筑的建筑形式，掀起了创新运动。资产阶级在城市中建造了大批简易住宅进行出租，公共建筑与生产性建筑也是为了追求利润而建。人口集中使得高层建筑更加快速发展。

在建筑思潮方面，某些资产阶级知识分子严厉指责折中主义，分别在净化造型、注重功能与经济、强调建筑的工业化生产等方面迈开了新的步伐，虽然建筑理念没有发生根本性的变革，但适应时代的各种新建筑运动对当时的建筑发展起到了一定的推动作用。

14.1.1 工艺美术运动

19 世纪 50 年代在英国出现的工艺美术运动（Arts and Crafts Movement）是小资产阶级浪漫主义思想的反映。这一时期，以约翰·拉斯金（John Ruskin，1819—1900 年）和威廉·莫里斯（William Morris，1834—1896 年）为首的一些社会活动家的哲学观点在艺术上进行表现，他们热衷于手工艺的效果与自然材料的美。莫里斯为了反对粗制滥造的机器制品，曾寻求志同道合的人组成了一个作坊，制作精美的铁花栏杆、墙纸和家庭用具等，但因成本太高而不能大量推广。在建筑上，他们则主张建造"田园式"住宅来摆脱古典建筑形式的羁绊。工艺美术运动反对机械化、工厂化，拒绝维多利亚风格中大量无意义的装饰，无形之中为未来指出了方向。它与新艺术运动相连，完全拒绝复古，并且成了进行现代主义研究的起点。

1859—1860 年，由建筑师菲利普·魏布（Philip Webb）在肯特建造的红屋是工艺美术运动的杰出代表建筑。红屋是莫里斯的住宅，平面根据功能需要布置成 L 形，它用本地产的红砖建造，不加粉刷，大胆摒弃了传统贴面的装饰，表现出材料本身的质感（图 14-1、图 14-2）。这种将功能、材料与艺术造型结合的尝试，对后来新建筑运动有一定的启发。但是莫里斯和拉斯金思想的消极方面表现为把机器看成一切文化的敌人，他们向往过去，只主张用手工艺生产，主张以改革传统的形式表现自然材料，包括建筑、装饰、家具等，而不像后来欧洲大陆的新建筑运动那样探求建筑艺术。

探求新建筑历史背景简介

图 14-1　红屋

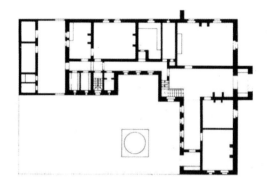

图 14-2　红屋平面图

14.1.2　新艺术运动

在欧洲建筑形式真正改变的信号是 19 世纪 80 年代开始于比利时布鲁塞尔的新艺术运动（Art Nouveau）。

新艺术运动的创始人之一凡·德·费尔德（Henry van de Velde，1863—1957 年），原是位画家，在 19 世纪 80 年代致力于建筑。他组织建筑师们讨论了结构和形式之间的关系等问题。他们在"田园式住宅"思想与世界博览会技术成就的基础上迈开了新的一步。他们旨在解决建筑和工艺品的艺术风格问题，极力反对历史的样式，想创造出一种前所未见、能适应工业时代精神的简化装饰。新艺术运动的装饰主题是模仿自然界生长繁盛的草木形状的曲线，如墙面、家具、栏杆及窗棂等。由于铁便于制作各种曲线，装饰中应用了大量铁构件。

1884 年以后，新艺术运动迅速传遍欧洲，甚至影响到了美洲，因其植物形花纹与曲线装饰而脱掉了折中主义的外衣。但新艺术运动在建筑中的改革也仅限于艺术形式与装饰手法，并未能全面解决建筑形式

与内容的关系，以及与新技术的结合问题，至 1906 年左右便逐渐衰落。新艺术运动是现代建筑简化与净化过程中的步骤之一。

新艺术运动在德国被称为青年风格派（Jugend-stil），其主要据点是慕尼黑。它的代表作品有 1897—1898 年在慕尼黑建造的埃维拉照相馆（Elvira Photographic Studio，图 14-3）。

新艺术运动的英国代表建筑师查尔斯·雷尼·麦金托什（Charles Rennie Mackintosh，1868—1928 年）设计的格拉斯哥艺术学校的图书馆（图 14-4），部分反映了造型与手法之间的联系，维也纳学派与分离派也曾受到他的影响。

图 14-3　埃维拉照相馆

图 14-4　格拉斯哥艺术学校图书馆室内

欧洲新艺术运动鼻祖
——维克多·霍尔塔视频

新艺术运动在发源地法国和比利时都有大量新艺术运动影响下的产物（图14-5）。其中最为极端、最具宗教气息的是西班牙南部和巴塞罗那地区，代表人物首推建筑师安东尼·高迪（Antonio Gaudi，1852—1926年）。他的代表作有古埃尔公园（图14-6）和充满哥特复兴风的圣家族大教堂。

巴特罗公寓标志着安东尼·高迪个人风格的形成，也是西班牙新艺术风格的代表作（图14-7）。高迪把建筑看作柔软的可塑性材料，他用磨光的石材做出波浪形立面，强化雕塑般的效果。在高迪的建筑作品里几乎不会有直线，之后的米拉公寓更加夸张地演绎了这种风格（图14-8）。

图14-5　法国巴黎地铁站入口

图14-6　巴塞罗那古埃尔公园

西班牙新艺术运动代表人物——安东尼·高迪、安东尼·高迪经典之作——米拉公寓视频

图14-7　巴特罗公寓

图14-8　米拉公寓

14.1.3　美国芝加哥学派

19世纪70年代，美国兴起的芝加哥学派为现代高层建筑的发展奠定了基础。

南北战争以后，北部的芝加哥成为开发西部的前哨和东南航运与铁路的枢纽。随着城市人口的增加，兴建办公楼和大型公寓是有利可图的，特别是1873年的芝加哥大火，使得城市重建问题特别突出，为了在有限的市中心区内建造尽可能多的房屋，现代高层建筑在芝加哥出现，芝加哥学派（Chicago School）也就应运而生。

芝加哥学派最兴盛的时期是1883—1893年。芝加哥学派在工程技术方面创造了高层金属框架结构和箱形基础；在建筑造型方面趋于简洁与独特，因此，它很快在市中心占据了统治地位。芝加哥学派的创始人是工程师威廉·勒·巴伦·詹尼（William le Baron Jenney，1832—1907 年）。

1890—1894 年，伯纳姆与鲁特在芝加哥设计十六层的瑞莱斯大厦（Reliance Building，图 14-9）是芝加哥学派的杰作之一。瑞莱斯大厦用框架结构与古典外形相结合，并以其透明性与协调的比例而在当时闻名。基部是用深色的石块砌成，与上部大玻璃窗和白面砖的塔楼形成强烈的对照。它的顶部已经没有沉重的压檐了。

荷拉伯特与罗许设计的马癸特大厦（Marquette Building，1894 年，图 14-10）立面简洁，外表是宽阔的芝加哥式横长方形窗整齐排列。内部空间无固定隔断，以便将来按需要自由划分，这也是框架结构的优点之一。从正面看，马癸特大厦的外表像一个整体，但在背面却看出它是一个"E"字形的平面。中间部分是电梯厅，所有的电梯都在它周围。

图 14-9 瑞莱斯大厦   图 14-10 马癸特大厦

路易斯·亨利·沙利文（Louis Henry Sullivan，1856—1924 年）最先提出了"形式随从功能"的口号，为功能主义的建筑设计思想开辟了道路，其代表作品是 1899—1904 年建造的芝加哥 C.P.S. 百货公司大楼，立面采用了典型的"芝加哥窗"形式的网格式处理手法（图 14-11）。

沙利文在建筑理论上认为世界上一切事物都是"形式永远随从功能，这是规律"。同时他还进一步强调："哪里功能不变，形式就不变。"沙利文的思想在当时具有革命意义，他认为一座建筑应该从内而外设计，相似的办公室必须反映结构的一致性，这和

图 14-11 芝加哥 C.P.S. 百货公司大楼及大门装饰

同时期流行的折中主义"按传统的历史样式设计，不考虑功能特点"是完全不同的。

总体上，芝加哥学派在 19 世纪新建筑运动中起着一定的进步作用。① 它突出了功能在建筑设计中的主要地位，明确了功能与形式的主从关系，力求摆脱折中主义的羁绊，探索现代建筑发展道路。② 它探讨了新技术在高层建筑中的应用，并取得了一定的成就，因此使芝加哥成了高层建筑的故乡。③ 其建筑艺术反映了新技术的特点，简洁的立面符合新时代工业化的精神。

芝加哥学派的建筑多集中在市中心，并未摆脱当时社会条件的局限，昂贵的地价迫使建筑不断向高层发展，随之形成了严重的城市卫生与交通问题。

而 1893 年的芝加哥国际博览会全面复活折中主义的建筑风格，反映了美国垄断资产阶级试图借用古典文化来装扮门面，以争夺世界市场的思想。从此，芝加哥学派只好让位于象征美国大工商企业的"商业古典主义"风格。

除芝加哥以外，纽约在本时期内，高层建筑也发展很快，如 1911—1913 年建的渥尔华斯大厦（图 14-12），已有 52 层，高达 241m，外形采用哥特复兴式手法。在它建成之后，纽约市政当局鉴于日照与通风的原因，制定了法规，要求高层建筑随着高度的上升要渐渐扩大建筑间距，对 20 世纪 20 年代到 30 年代纽约摩天大楼的造型有着深刻的影响。

美国芝加哥学派简介

图14-12 渥尔华斯大厦

14.1.4 德意志制造联盟

19世纪末，德国工业水平迅速赶超英、法等资本主义国家，居于欧洲第一位。当时德国不仅要求成为工业化的国家，而且希望能成为工业时代的领袖，为了使后起的德国商品能够在国外市场上与英国抗衡，在1907年由企业家、艺术家、技术人员等组成了全国性的德意志制造联盟（Deutscher Werkbund），目的在于提高工业制品的质量以求达到国际水平。1897年，凡·德·费尔德应邀到德国举行展览会，曾轰动一时。此后，德国非常乐于接受外来的新思想，举行新派绘画展览，许多著名的外国建筑师也被邀请到德国，美国新建筑的先驱者赖特的作品集于1910年在德国出版。这些内外因素的共同作用，促进了德国在建筑领域里的创新活动。德意志制造联盟就是这一新思潮的支持者，强烈认定建筑必须和工业结合这一方向。

其中享有威望的是彼得·贝伦斯，他以工业建筑为基地来发展真正符合功能与结构特征的建筑，认为建筑应当是真实的，现代结构应当以前所未见的新形式在建筑中表现出来。

1909年，贝伦斯为德国通用电气公司设计的透平机制造车间与机械车间，造型简洁，摒弃了任何附加的装饰，成为现代建筑的雏形。透平机车间按功能分为一个主体车间和一个附属建筑，因为机器制造时需要充足的光线，建筑物的立面如实地反映了功能的需要，在柱墩间开设了大玻璃窗。车间屋顶是由三铰拱构成，不设置柱子，为开敞的大空间创造了条件。侧立面山墙的轮廓与它的多边形大跨度钢屋架相一致，打破了传统的惯例。透平机车间为新建筑运动起到了一定的示范作用，是现代建筑史中的里程碑，也被西方称为一座真正的"现代建筑"（图14-13）。

贝伦斯不仅对现代建筑有一定的贡献，而且还培养了不少人才。著名的第一代现代建筑大师沃尔特·格罗皮乌斯（Walter Gropius，1883—1969年）、路德维希·密斯·凡·德·罗（Ludwig Mies van der Rohe，1886—1970年）、勒·柯布西耶（Le Corbusier，1887—1965年），都先后在贝伦斯的建筑事务所工作过。他们在贝伦斯那里受益良多，为后来的发展奠定了基础。

格罗皮乌斯和梅耶（Adolf Meyer，1881—1929年）于1911年设计的阿尔费尔德的法古斯工厂，是在贝伦斯建筑思想的启发下的新发展，该工厂造型简洁、轻快、透明，具备现代建筑的特征。此外，格罗皮乌斯在1910年就设想用预制构件解决经济住宅问题，是对建筑工业化最早的探索。

1914年，德意志制造联盟在科隆举行展览会，除了展出工业产品，也把展览会建筑本身作为新工业产品展出。该展览会建筑材料新颖，结构轻巧，造型明

图14-13 德国通用电器公司透平机车间

快，极富有吸引力。最引人瞩目的是格罗皮乌斯设计的展览会办公楼。在构造上，建筑物全部采用平屋顶，经过技术处理后，可以防水和上人，这在当时还是一种新的尝试。在造型上，除了底层入口附近采用一片砖墙外，其余部分全为玻璃窗，两侧的楼梯间也做成圆柱形的玻璃塔。这种结构构件的暴露、材料质感的对比、内外空间的沟通等设计手法，都被后来的现代建筑借鉴（图14-14）。

图14-14　德意志制造联盟科隆展览会建筑（从左至右：发动机展厅、机械展厅、车库、办公楼）

14.2 第一次世界大战前后的建筑流派与建筑活动

14.2.1 表现主义

20世纪初，德国、奥地利首先出现名为"表现主义"的绘画、音乐和戏剧的艺术流派。表现主义者认为艺术的任务在于表现个人的主观感情和内心感受，认为主观是唯一真实，否定现实世界的客观性，对外界事物的形象不求准确，常有意加以改变、夸张、变形乃至怪诞处理等。在建筑作品中，建筑师常常采用奇特、夸张的造型和构图手法，塑造超常的、强调动感的建筑形象，来表现某些思想情绪，象征某种时代精神，引起观者和使用者非同一般的联想和心理效应。

1921年，德国建筑师门德尔松设计的德国波茨坦市爱因斯坦天文台（图14-15），建筑造型奇特，难以言状，给人以神秘莫测的感受，正吻合了一般人对相对论的印象。

建筑物上部的圆顶是一个天文观测室，下面则是若干个天体物理实验室，整幢建筑物的最初设计都是采用钢筋、水泥建造，这样可以发挥水泥的可塑性以

图14-15　爱因斯坦天文台

完成一个巨型的纪念性雕塑，但后来由于材料供应发生问题，只好改用砖砌，快到顶时，用水泥建造圆顶，并最终用水泥将整个建筑的外立面装饰一遍，给人一种浑然一体、都是用水泥建造的假象。尽管如此，建筑物依然达到了神秘感，并对后人运用水泥造出各种曲线造型起到了深远的影响。

14.2.2　风格派

第一次世界大战期间，荷兰一些青年艺术家，画家蒙德里安、设计师凡·杜埃斯堡、建筑师奥德、里特维尔德等人组成了一个造型艺术团体，1917 年出版名为《风格》的期刊，因此得名"风格派"。风格派强调艺术需要抽象和简化，以寻求纯洁性、必然性和规律性，认为最好的艺术就是基本几何形体的组合和构图。

蒙德里安认为用最简单的几何形和最纯粹的色彩组成的构图才是有普遍意义的永恒的绘画。他拒绝方形以外的一切形式，将色彩也简化为红、黄、蓝和黑、白、灰，绘成了几何图形和色块的组合（图 14-16）。

风格派几何构图式的绘画，发挥了几何形体组合的审美价值，很容易也很适合运用到新的建筑艺术中去。

图 14-17　施罗德住宅

《蒙德里安之镜》交互装置艺术视频，施罗德住宅动画，青年风格派简介

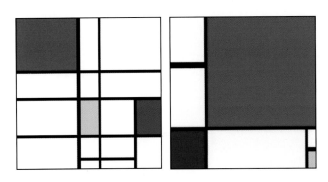

图 14-16　蒙德里安的绘画作品

风格派建筑作品的特征如下。

① 把传统的建筑、家具以及产品设计、绘画、雕塑的特征完全剥除，变成最基本的几何结构单体，或者称为元素。

② 把这些几何结构单体进行组合，形成简单的结构组合，但在新的结构组合中，单体依然保持相对独立性和鲜明的可视性。

③ 对非对称性有深入研究与运用。

④ 非常特别地反复应用横纵几何结构以及基本原色和中性色。

建筑师里特维尔德设计的荷兰乌特勒支市的施罗德住宅（图 14-17），从室外到室内，从建筑形体到色彩，都集中体现了风格派的设计理论，它正是风格派画家蒙德里安的绘画的立体化。

14.2.3　构成主义

构成主义是第一次世界大战前后活跃在俄国艺术领域的派别。一些青年艺术家（马来维奇、塔特林、盖博等）将雕塑作品做成抽象的结构物，用木、金属、玻璃、塑料等材料制作抽象的空间构成作为雕塑的内容，以表现力、运动、空间和物质结构等观念。其代表作品为塔特林设计的俄国第三国际纪念碑方案模型（图 14-18）。

图 14-18　俄国第三国际纪念碑方案模型

14.3 工艺美术运动和新艺术运动下的建筑装饰艺术及家具风格

14.3.1 工艺美术运动下的建筑装饰艺术及家具风格

工艺美术运动反对工业化，否定机械、大批量生产，认为机器生产的产品难免无品位和俗套，坚信唯有手工艺才能达到对产品功能、材料和技术的表达，在此期间代表作有莫里斯设计的椅子（图14-19）。在这种思潮的驱使下，室内设计呈现出与拥挤密集的维多利亚风格很不一样的简洁和独创性。其中，由韦布设计的红屋的室内设计就是很好的代表（图14-20）。

图14-19　莫里斯椅

图14-20　红屋内景

14.3.2 新艺术运动下的建筑装饰艺术及家具风格

新艺术运动在建筑风格和室内设计方面，避开维多利亚时期的折中历史主义。新艺术运动主张运用高度程序化的自然元素，用其作为创作灵感和扩充"自然"元素的资源，如海藻、草、昆虫。 由霍塔设计的布鲁塞尔都灵路12号住宅内部楼梯间（图14-21）和由高迪设计的米拉公寓内部陈设（图14-22）都是新艺术运动中的代表作。

曲线是新艺术运动在设计表达上的主题，无论是室内设计还是家具设计，都尽量避免直线和平面，装饰上突出表现自然曲线和有机形态（图14-23）。

图14-21　布鲁塞尔都灵路12号住宅内部楼梯间

安东尼·高迪对家居装饰的独具匠心视频

图 14-22　米拉公寓内部陈设

图 14-23　新艺术运动的室内设计与家具设计

工艺美术运动与新艺术运动的区别如表14-1所示。

表 14-1　工艺美术运动与新艺术运动的区别

风格	特点	代表人物
工艺美术运动	① 强调手工艺生产，反对机械化生产； ② 在装饰上反对矫揉造作的维多利亚风格和其他各种古典、传统的复兴风格； ③ 提倡哥特风格和其他中世纪风格，讲究简单、朴实； ④ 主张设计诚实，反对风格上华而不实； ⑤ 提倡自然主义风格和东方风格	威廉·莫里斯
新艺术运动	① 强调手工艺，但不反对工业化； ② 完全放弃传统装饰风格，开创全新的自然装饰风格； ③ 倡导自然风格，强调自然中不存在直线和平面，装饰上突出表现曲线和有机形态； ④ 装饰上受东方风格影响，尤其是日本江户时期的装饰风格与浮世绘的影响； ⑤ 探索新材料和新技术带来的艺术表现的可能性	维克多·霍塔 安东尼·高迪

中外建筑史

15

现代主义建筑
及代表人物

BAUHAUS

15.1 现代主义建筑的形成与特征

20 世纪 20 年代，一大批经典现代主义建筑作品相继问世，向世人展示了现代主义建筑的风采。1926 年，格罗皮乌斯设计的德绍包豪斯校舍落成；1929 年，密斯·凡·德·罗设计了著名的巴塞罗那博览会德国馆；1950 年，勒·柯布西耶设计的萨伏伊别墅建成。青年建筑师如德国表现主义阵营的门德尔松、陶特兄弟，荷兰风格派的奥德，芬兰的阿尔托（Alvar Aalto），纷纷加入现代主义建筑师阵营，设计了一批经典的现代主义建筑。

第一次世界大战结束后，德意志制造联盟确立了建筑走工业化道路的大方向。魏玛共和国时期的德国，成为当时激进的现代建筑思潮最活跃的发源地。1919 年，格罗皮乌斯创立新型的设计学校——包豪斯，在 20 世纪 20 年代成为席卷欧洲的建筑和工艺美术改革

第二次世界大战时期的建筑视频

风暴的中心。1923 年，勒·柯布西耶发表著作《走向新建筑》，提出激进的现代建筑理论和主张。1927 年，德意志制造联盟在德国斯图加特的魏森霍夫区举办了住宅展览会，由密斯·凡·德·罗主持，17 位著名现代主义建筑师参加这次展会，该展会对现代住宅建筑设计以及现代主义建筑风格的形成都产生了很大影响。

20 世纪 20 年代和 30 年代，现代主义建筑师的阵营迅速壮大，开始走向一种国际性的建筑运动。1928 年，勒·柯布西耶、格罗皮乌斯等人发动来自欧洲 8 个国家的 24 名现代派建筑师在瑞士集会，成立了国际现代建筑协会（Congrès International d'Architecture Modern，简称 CIAM）。

经过几代建筑师的积极探索，从 1919 年包豪斯成立到 20 世纪 20 年代末国际现代建筑协会成立，标志着狂飙突进式的现代建筑运动的开始。在现代主义建筑师阵营中，德国建筑师格罗皮乌斯、密斯·凡·德·罗和法国建筑师勒·柯布西耶三人，是主张全面建筑革命的重要的代表人物。他们与美国的赖特，合称为现代主义建筑的四位大师。

15.2 现代主义建筑的设计原则

这一时期建筑师的设计思想并不是完全一致的，但从格罗皮乌斯、勒·柯布西耶、密斯·凡·德·罗等人的言论和实际作品中，有一些共同的观点。

① 强调建筑要随时代而发展，现代建筑应与工业化社会相适应，主张积极采用新材料、新结构，

在建筑设计中发挥新材料、新结构的特性。格罗皮乌斯在 1910 年即建议用工业化方法建造住宅；密斯·凡·德·罗一生不停地探求钢和玻璃这两种材料的建筑特性；勒·柯布西耶则努力发挥钢筋混凝土材料的性能。

② 强调建筑师要研究和解决建筑的实用性和经济性问题。密斯·凡·德·罗指出："建筑必须满足我们时代的现实主义和功能主义的需要。"勒·柯布西耶则号召建筑师要从轮船、汽车和飞机的设计中得到启示。

③ 现代建筑从实用功能和经济因素出发，以更纯粹、更简洁的新形象出现，抛弃了柱式、线脚和装饰性元素，新的建筑美学、建筑力学等相关学科也得到了很大发展。

④ 排除建筑中的装饰因素。现代主义建筑大师几乎都是反装饰风格的拥护者，这是由现代建筑的大众服务性功能所决定的。此外，建筑的经济性与实用性也将装饰视为一种不必要的设置。建筑中的色彩也主要以黑、白、灰或建筑材料本身的颜色为主。

这些建筑观点，有人称之为"功能主义"，有人称之为"理性主义"，更多的人则称之为"现代主义"。

15.3 现代主义建筑的代表人物

15.3.1 现代主义建筑思想奠基者：格罗皮乌斯

1. 瓦尔特·格罗皮乌斯简介

瓦尔特·格罗皮乌斯（1883—1969年，图15-1）是世界上著名的现代主义建筑大师和建筑教育家，包豪斯创始人。格罗皮乌斯出生于德国柏林，青年时期在柏林和慕尼黑高等学校学习建筑，1907—1910年在贝伦斯的建筑事务所工作，1910—1914年与阿道夫·迈耶合作设计了他的两栋成名建筑：法古斯工厂、1914年在科隆展览会展出的示范工厂和办公楼。法古斯工厂是格罗皮乌斯在早期的重要成就之一，也是第一次世界大战前设计最先进的一座工业建筑；科隆展览会的办公楼采用了大面积的全透明玻璃外墙。格罗皮乌斯1915年开始在魏玛艺术与实用美术学校任教，1919年任校长，并将实用美术学校和魏玛美术学院合并成专门培养建筑设计和工业日用品设计人才的学校，即公立包豪斯学校。1928年，格罗皮乌斯与勒·柯布西耶等组织国际现代建筑协会，1929—1959年任副长。纳粹德国期间，他受到迫害和驱逐，1934年离德赴英，1937年定居美国，任哈佛大学建筑系教授、主任，1952年起任荣誉教授，参与创办该校的设计研究院。

2. 包豪斯简介

1919年，格罗皮乌斯出任魏玛艺术与实用美术学校校长后，将该校与魏玛美术学院合并，创立了一所专门培养建筑设计和工业日用品人才的高等学校，名为"公立建筑艺术学校"，简称包豪斯。

格罗皮乌斯在包豪斯按照自己的观点实行了一套新的教学方法，包豪斯设纺织、陶瓷、金工、玻璃、雕塑、印刷等学科；学制为3.5年；学生进校后先学习半年的基础课程，然后一部分人再进入研究部学习建筑。

包豪斯打破了传统学院式教育的框架，使设计教学与生产发展紧密结合起来，主要有以下特点。

① 在设计中强调自由创造，反对模仿因袭、墨守成规。

② 将手工艺和机器生产结合起来，认为新的工艺美术家既要掌握手工艺，又要了解现代机器生产的特点，要设计出高质量的能供工厂大规模生产的产品设计。

图 15-1　瓦尔特·格罗皮乌斯

③ 强调各门艺术之间的交流融合，提倡工艺美术和建筑设计向当时兴起的抽象派绘画和雕塑艺术学习。

④ 既培养学生的动手能力，又培养其理论素养。学生在理论学习的同时，必须到各个车间去学习石、木、金属、黏土、玻璃、色彩、染织等科目。车间里有两位师傅指导学生学习：一位是造型师傅，主要负责理论指导；另一位是车间师傅，帮助学生掌握具体工艺的操作技巧。

⑤ 把学校教育同社会生产挂钩。包豪斯师生所做的工艺设计常常被厂商投入实际生产。

在格罗皮乌斯的主持下，一些最激进的流派的青年画家和雕刻家到包豪斯担任教师，其中有康定斯基、保尔·克利、费林格、莫何里·纳吉等人。当时，西欧美术界产生了许多新的思潮和流派，如立体主义、表现主义、超现实主义等，不同流派的艺术家把各具特色的设计思想和最新奇的抽象艺术带到了包豪斯。如匈牙利艺术家纳吉是构成派的追随者，他将构成主义的要素带进了基础训练，强调形式和色彩的客观分析，注重点、线、面的关系等。包豪斯成了 20 世纪欧洲最激进的艺术流派的据点之一。

3. 格罗皮乌斯建筑理念

格罗皮乌斯针对当时建筑造型复杂、华丽，又无法适应工业化大批量生产的情况，提出了他新的设计要求：既是艺术的又是科学的，既是设计的又是实用的，同时还能够在工厂的流水线上大批量生产制造。格罗皮乌斯提倡建筑设计与工艺的统一，艺术与技术的结合，讲究功能、技术和经济效益。

格罗皮乌斯引导学生如何认识周围的一切：颜色、形状、大小、纹理、质量；如何既能符合实用的标准，又能独特地表达设计者的思想；如何在一定的形状和轮廓里使一座房屋或一件器具的功能得到最大的发挥，用最简单的方形、圆形营造设计样式和风格的现代感。设计中强调采光和通风，主张按空间的用途、性质、相互关系来合理组织和布局，按人们的生理要

求、人体尺度来确定空间的最小极限等。

4. 格罗皮乌斯代表作

（1）包豪斯校舍的实验工厂。

格罗皮乌斯在他设计的包豪斯校舍的实验工厂中充分运用了玻璃幕墙。这座四层厂房，二、三、四层有三面是全玻璃幕墙，成为后来多层和高层建筑采用全玻璃幕墙效仿的对象。把大量光线引进室内是当时现代主义建筑学派主张的现代功能观点的一个主要方面。欧洲传统建筑大多室内环境幽暗，阳光很少，而格罗皮乌斯设计的房屋有较大的窗户、阳台。在总体布局上，为了保证采光和通风，提倡行列式布局，按房屋高度来决定它们之间的合理间距，以保证有充分的日照和房屋之间的绿化空间（图 15-2）。

（2）德国法古斯工厂。

德国法古斯工厂是一座由 10 座建筑物组成的建筑群，是现代建筑与工业设计发展的一个里程碑（图 15-3）。法古斯工厂是一个鞋楦厂，位于下萨克森州莱纳河畔的阿尔费尔德，厂房建筑按照制鞋工业的功能需求设计了各级生产区、仓储区以及鞋楦发送区。

图 15-2　包豪斯校舍的实验工厂

包豪斯视频，格罗皮乌斯住宅简介

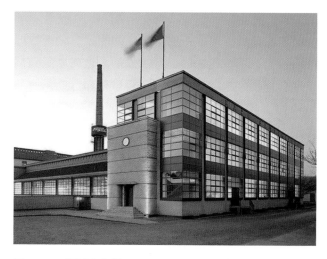

图 15-3　德国法古斯工厂

德国法古斯工厂的设计开创性地运用功能美学原理，并大面积使用玻璃幕墙，转角运用悬挑楼梯实现无柱的立面形象。法古斯工厂建筑群的这一特点不仅对包豪斯设计学院的作品风格产生了深远的影响，也成为欧洲及北美建筑发展的里程碑。

15.3.2　现代主义建筑主要倡导者：勒·柯布西耶

1. 勒·柯布西耶简介

勒·柯布西耶（图 15-4）是 20 世纪著名的建筑大师和城市规划专家，是现代主义建筑的主要倡导者，机器美学的重要奠基人。

勒·柯布西耶 1887 年出生于瑞士，父母是制表业者，少年时在故乡的钟表技术学校学习，后来从事建筑。1908 年他到巴黎，在著名建筑师贝瑞处工作，后又到德国柏林著名建筑师贝伦斯处工作。1917 年，勒·柯布西耶移居巴黎。1920 年，他与一些新派画家、诗人合编《新精神》杂志，发表一些短文，为新建筑

图 15-4　勒·柯布西耶

摇旗呐喊。1923 年，他把这些文章汇编出版，即名著《走向新建筑》，书中提出"住宅是居住的机器"。1926 年，他提出了新建筑的 5 个特点。1928 年，他与格罗皮乌斯、密斯·凡·德·罗组织了国际现代建筑协会。第二次世界大战后，勒·柯布西耶的设计风格发生了明显变化，朗香教堂等建筑充分表明了这一点。勒·柯布西耶以丰富多变的建筑作品和充满激情的建筑哲学对现代建筑产生了广泛而深远的影响，是始终走在时代前列的现代建筑代表人物。

2. 勒·柯布西耶建筑理念

勒·柯布西耶崇尚机械美学，主张"建筑是居住的机器"，因此建筑也要向工业化方面发展，还从人体比例中研究出建筑比例模数系统，以满足"大规模生产房屋"的需要。他在职业生涯的不同时期所设计的建筑，都有着不同的风格和特点。在现代主义建筑师当中，他一直是新建筑理论的倡导者和实践者。除了建筑设计工作以外，勒·柯布西耶还热衷于城市布局与规划工作，但一直未能得到人们认可，只完成了印度昌迪加尔城一处城市规划设计。

勒·柯布西耶提出了新建筑的 5 个特点。

① 房屋底层采用独立支柱：建筑底部由规则的柱网结构支撑，因此拥有灵活的平面形式，底部分为空敞的部分和有建筑围合的使用空间两部分。

② 自由平面：萨伏伊别墅的平面和空间布局非常自由。由于采用钢筋混凝土梁柱的框架结构，各层墙面无须上下对齐，空间在垂直方向与水平方向均相互穿插，室内外彼此贯通。

③ 横向长窗：立面无装饰的连续横向长窗形象，显示出纯净的建筑立面形象，为内部空间带来连续视野，并满足了通风与采光的要求。

④ 自由立面：萨伏伊别墅中屋顶花园的墙面采用曲折的波浪形式，在简洁的方形几何形体中加入曲线元素的做法，也体现出独特的现代主义建筑设计理念。

⑤ 屋顶花园：萨伏伊别墅屋顶花园与二层开放空间，体现环境与建筑在空间上的相互融合。

3. 勒·柯布西耶代表作

（1）萨伏伊别墅。

萨伏伊别墅（Villa Savoye，图 15-5）位于法国普瓦西，1931 年建成。萨伏伊别墅是为一对企业家

夫妇建造的一处远离市区的休闲别墅，并不是为了满足日常家居所建的，位于风景如画的自然环境中，因此，勒·柯布西耶的理想化住宅设计和提倡的新建筑五特点，在别墅中得以实现。

萨伏伊别墅是平面近似方形的三层建筑，以白色调为主。建筑一层由柱网支撑，除中部的交通和服务用房外全部架空，同时也可作为车库使用。一层（图15-6）与二层（图15-7）之间设置了一个螺旋楼梯相连接。二层建筑空间围绕一个折线形坡道设置，搭配连续的横向带式窗，让各个房间都能够获得良好的自然景观，主要居住和活动用房都集中在二层。三层则设置了露天阳台和屋顶花园（图15-8、图15-9）。

萨伏伊别墅实景和模型视频，萨伏伊别墅动画

图 15-5　萨伏伊别墅

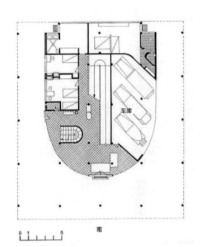

图 15-6　一层平面图

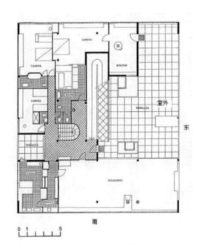

图 15-7　二层平面图

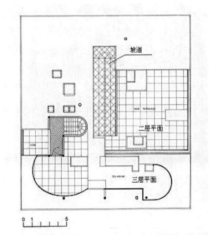

图 15-8　三层平面图

图 15-9　萨伏伊别墅三层实景图

（2）巴黎瑞士学生宿舍。

巴黎瑞士学生宿舍是一个公共的学生宿舍，勒·柯布西耶在设计时预期参观者将会开车由北边抵达曲面的石墙前。整栋建筑立足于一排巨大的柱子上，主要部分是一个长方体，其中一个面由玻璃幕墙构成，另一面以粗石砌筑曲线外墙。主体建筑前方、楼梯间、入口门厅和服务空间较低矮的外墙被塑造成波状墙面。这种建筑群体的配置手法，不仅给建筑带来了抽象画的效果，也带来了一种运动扩张的表现（图15-10）。

图15-10 巴黎瑞士学生宿舍

（3）朗香教堂。

朗香教堂（图15-11）位于法国东部浮日山区一个小山上，1955年建成，教堂造型奇异，令人过目难忘。教堂的平面为不规则形状，几个立面形象差异很大，很难由一个立面猜到其他立面的模样。室内弯曲倾斜的墙面、下坠的顶棚、奇异的窗洞（图15-12）、神秘暗淡的光线，使空间神秘异常，宗教气氛极其浓厚。

勒·柯布西耶从一开始就走上了新建筑的道路，他歌颂工业时代，提倡理性，崇尚机器美学，并在建筑作品中实践自己的建筑理论，成为现代主义建筑的著名旗手。

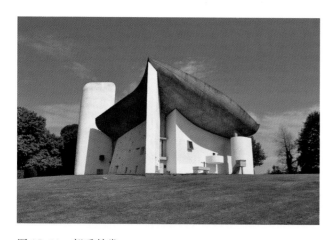

图15-11 朗香教堂

朗香教堂视频，朗香教堂动画，马赛公寓简介

图15-12 朗香教堂窗洞

第二次世界大战后，他走出了另一条建筑创作道路，他在战后设计的马赛公寓、昌迪加尔高等法院等作品中，表现出笨重、粗犷、古拙甚至原始的面貌。而朗香教堂中表现主义倾向的怪诞奇特造型，推翻了他在早期极力主张的理性主义原则，转向浪漫主义和神秘主义。

总体看来，勒·柯布西耶前后变化过程为：从崇尚机器美学转而赞赏手工劳作之美；从显示现代化派头转而追求古风和原始情调；从主张清晰表达转而爱好混沌模糊，从明朗走向神秘，从有序转向无序，从常态转向超常，从瞻前转向顾后，从理性转向非理性。

15.3.3 技术美学的执著追求者：密斯·凡·德·罗

1. 密斯·凡·德·罗简介

密斯·凡·德·罗（图15-13），1886年出生于德国亚琛。1907年，他设计了第一件建筑作品，其娴熟的手法引起德国建筑师贝伦斯的注意；1909年，进入贝伦斯事务所工作；1912年，在柏林独立开业。第一次世界大战期间，他在军队中从事军事工程工作，战后，继续在柏林从事建筑师业务。1926—1932年，他担任德意志制造联盟第一副主席。1927年，他主持了在斯图加特举办的德意志制造联盟住宅展览会，这一时期他密切关注住宅的工业化生产。

图 15-13　密斯·凡·德·罗

密斯·凡·德·罗对现代主义建筑最杰出的贡献是钢结构和玻璃在建筑中诗意的应用。早在1921年，他就提出两个全玻璃摩天大楼的概念性方案，揭示了高层玻璃幕墙建筑的发展潜力，方案中建筑外墙从上到下全是玻璃，整个建筑看起来如同透明的晶体，内部的一层层楼板清晰可见，他这样写道："在建造的过程中，摩天大楼显示出雄伟的结构，巨大的钢架壮观动人；可是砌上墙以后，作为一切艺术的基础的骨架就被无意义的琐碎形象淹没。"

2. 密斯·凡·德·罗建筑理念

作为钢铁和玻璃建筑结构之父，密斯·凡·德·罗提出了"少即是多"的建筑理念，这集中反映了他的建筑观点和艺术特色，这个理念同时也影响了全世界。

20世纪，当钢铁和玻璃广泛应用于建筑之前，一批思想先进的建筑师就走在了这场变革运动的前列，密斯·凡·德·罗"少即是多"的理念应运而生。在密斯·凡·德·罗的建筑中，无论从室内装饰还是家具，都必须要精简到不能再改动的地步，影响世界已经70余年了。

少，不是空白而是精简；多，不是拥挤而是完美。密斯·凡·德·罗的建筑艺术依赖于结构，但又不受结构的限制，它从结构中产生，又要精心制作结构。密斯·凡·德·罗曾经对他的学生这么说："我希望你们能明白，建筑与形式的创造无关。"

巴塞罗那博览会德国馆、范斯沃斯住宅、伊利诺理工学院动画，西柏林国家美术馆简介

3. 密斯·凡·德·罗代表作

（1）巴塞罗那博览会德国馆。

巴塞罗那博览会德国馆（图15-14）建成于1929年，展馆内部并不陈列很多展品，而是以一种建筑艺术的成就代表当时的德国，它是一座供人观赏的亭榭，本身就是展览品。展馆建立在一个基座之上，主厅有8根金属柱子，上面是薄薄的一片屋顶。大理石和玻璃构成的墙板也是简单光洁的薄片，它们纵横交错，布置灵活，形成分割又连通、简单又复杂的空间序列；室内室外也互相穿插贯通，没有明显的分界，形成奇妙的流通空间。整个建筑没有附加任何装饰，但建筑材料的颜色、纹理、质地的选择十分精细，搭配异常考究，比例推敲精当，显出高贵、雅致、生动、鲜亮的品质，向人们展示了历史上前所未有的建筑艺术质量。巴塞罗那博览会德国馆对20世纪建筑艺术风格产生了广泛影响，也使密斯·凡·德·罗成了当时世界上最受瞩目的建筑师。

图 15-14　巴塞罗那博览会德国馆

（2）范斯沃斯住宅。

范斯沃斯住宅建于1946—1951年，是密斯·凡·德·罗为芝加哥单身女医生艾迪诗·范斯沃斯（Edith Farnsworth）设计的周末度假别墅。别墅位于优美的自然环境中，几乎无任何功能限制，可以让他自由发挥建筑设计理念（图15-15、图15-16）。

图 15-15　范斯沃斯住宅

图 15-16　范斯沃斯住宅内景

住宅由主体建筑和其南侧的一块平台构成，由三排白色的工型钢柱从地面上撑起。主体部分是一个四面透明的玻璃盒子，就像漂浮在福克斯河畔浑然天成的一块晶体，在湖光山色的映衬下，熠熠生辉，散发出无穷的魅力，使它立刻成了现代建筑中又一个里程碑式的住宅作品。为了使住宅采光良好，密斯·凡·德·罗将该住宅地面上升约1.6m，只允许钢柱与大地接触，在钢柱之间，植物依然可以自由生长。密斯·凡·德·罗对此曾说明："大自然也应该有自己的特色。我们一定不能因住宅的颜色和内部装饰而扰乱自然的氛围，反而更应该尝试使自然、居所

以及人类三者结合，从而达到高度统一。"

（3）纽约西格拉姆大厦。

20世纪50年代，建筑物讲究技术精美的理念在西方建筑界占有主导地位。而密斯·凡·德·罗追求纯净、透明和施工精确的钢铁玻璃盒子作为这种理念的代表，西格拉姆大厦正是该理念的典范作品（图15-17）。

大厦位于纽约曼哈顿区花园街，是一座豪华的办公楼，总高158m，建筑物底部，除中央的交通设备电梯外，全部留作一个开放的大空间，便于交通，使它显得不同凡响。建筑物外形极为简洁，是规整的直上直下的正六面体。整座大楼采用刚刚发明的琥珀色染色隔热玻璃作为幕墙，占外墙面积的75%，配以镶包青铜的铜窗格，昂贵的建材、精心的设计及施工人员高超的建造技术，使西格拉姆大厦成了纽约最豪华精美的大厦。建筑的细部经过了慎重推敲，简洁精致，突出了材质和工艺的审美品质。

西格拉姆大厦实现了密斯·凡·德·罗的摩天楼构想，被认为是现代建筑的经典作品之一。这种讲求技术精美的风格和"少即是多"的主张以及对玻璃的使用，大大丰富了建筑艺术，而西格拉姆大厦也就成了密斯·凡·德·罗最好的纪念作品。

图 15-17　纽约西格拉姆大厦

15.3.4　有机建筑理论提出者：赖特

1. 赖特简介

赖特（图15-18）是20世纪美国最重要的建筑师，对现代建筑有很大的影响，他的建筑思想和欧洲新建筑运动的代表人物有明显的差别，走出了一条独特的道路。

图 15-18　赖特

1867年，赖特出生在美国的威斯康星州，少年时曾在威斯康星州的农场寄居，这段日出而作日落而息的庄园生活使他深刻地了解自然、热爱自然。赖特所学专业为土木工程，后转而从事建筑。19世纪80年代后期，他开始在芝加哥从事建筑活动，曾在芝加哥学派著名建筑师沙利文的建筑事务所中工作。1893年，赖特建立自己的工作室，开始独立创业。从19世纪末到20世纪初的10余年中，他在美国中西部设计了许多小住宅和别墅。1910年，赖特在欧洲举办个人摄影展，引起欧洲各界的强烈反响。1922年，赖特受邀设计了日本东京帝国饭店，它在1923年的东京大地震中奇迹般地保存下来，为赖特赢得了声誉。1953—1939年，赖特完成了久负盛名的流水别墅。1940—1959年是赖特一生中最辉煌的时期，他获得了很多奖项和荣誉。1959年4月，赖特逝世。他毕生共做了400多个建成的设计，出版几十部建筑著作及论文集，对美国乃至全世界建筑界产生了极其深远的影响。

2. 赖特建筑理念

赖特在20世纪30年代提出了自己的有机建筑理论。他认为建筑应该是自然的，应该成为自然的一部分，是属于基地环境和周围地形的，就像动物归属于森林及其周围的环境一样。有机建筑是真实的建筑，是"对任务和地点的性质、材料的性质和所服务的人都真实的建筑。"房屋应当像植物一样，成为"地面上一个基本和谐的要素，从属于自然环境，从地里长出来，迎着太阳。"赖特反对折中主义，反对模仿历史风格，同时也对正统现代主义的功能主义和机器美学提出了尖锐批判。

从20世纪初的草原式住宅到20世纪30年代的流水别墅和西塔里埃森，赖特在其建筑实践中形成了乡村住宅的水平性与城市建筑的垂直性两种经典构图模式：水平性构图的乡村草原式住宅，是对赖特的有机建筑理论的最好诠释，空间开阔舒展，与自然环境相辅相成；而他设计的一些城市住宅与公共建筑，则强调建筑构图的垂直性，其建筑形态厚重而封闭，强调直线条与简单几何体构图，外观与内部空间相吻合，呈现出与同一时期维也纳分离派相似的造型特征。

3. 赖特代表作

（1）草原式住宅。

草原式住宅从实际生活需要出发，在布局、形体和取材上，注意与周围自然环境相结合，形成了一种具有浪漫主义田园诗意般的典雅风格（图15-19）。草原式住宅在整体空间组合上，以高低不同的墙垣、坡度平缓的屋面、深远的挑檐和层层叠叠的水平阳台与花台组成水平线条，以垂直的烟囱统一起来，打破单调的水平线条。外部材料的质地以及深色的木框架和白色粉墙形成强烈对比。草原式住宅平面常做成十字形，以壁炉为中心，起居室、书房、餐室都围绕壁炉布置，卧室常设置在楼上。室内空间尽量做到既有分割又连成一片，并根据不同需要设置不同高度。草原式住宅层高较低，出檐较大，室内光线比较暗淡（图15-20）。

图 15-19　草原式住宅外部图

图 15-20 草原式住宅内部图

（2）东京帝国饭店。

1915 年，赖特被邀请到日本设计了东京帝国饭店，这是一个层数不多的豪华饭店，平面大体为 H 形，有许多内庭院（图 15-21）。砖砌墙面上用了大量的石刻装饰，显得复杂热闹，是西式和日本建筑风格的混合，而在装饰图案中又夹有墨西哥传统艺术的某些特征。东京帝国饭店属于美国太平洋沿岸的混合建筑风格，其优秀的结构设计使这座建筑和赖特都获得了极大的声誉。日本是地震多发的地区，因此，东京帝国饭店采取了一些新的抗震措施，连庭园中的水池也可以兼作消防水源。东京帝国饭店在 1922 年建成，1923 年东京发生了大地震，周围大批房屋被震倒，而其却经住了考验并在火海中成为一个安全岛。

图 15-21 东京帝国饭店

（3）流水别墅。

流水别墅是世界著名的建筑之一，它位于美国匹兹堡市郊区的熊溪河畔。流水别墅在空间的处理、体量的组合及与环境的结合上均取得了极大的成功，为有机建筑理论作了确切的注释，室内空间处理堪称典范，在现代建筑历史上占有重要地位。

① 室内空间自由延伸。

室内空间在设计上体现出自由延伸和相互穿插这两个特点。别墅一共有三层，其面积很大，约为 $380m^2$，其中第二层的起居室是整个别墅的中心，另外的房间则是以此为中心向左右平铺展开的，空间之间相互区别，又相互融合。

② 室内外空间相互交融。

室内外空间融合得非常巧妙，浑然一体。外形上强调块体组合，空间之间形成巧妙的连接，巨大的钢筋混凝土挑台向前伸展出来，参差错叠，有凌空飞翔之势。几道用当地灰褐色片石砌筑的宛若天成的毛石竖墙交错穿插在挑台之间，将建筑牢牢锚固在山体上，别墅仿佛从山体中生长出来一般，凌驾于瀑布之上，瀑布自挑台下奔流而出，随着季节变化呈现出迥异的景致（图 15-22）。同时，室内的空间陈设和家具样式都经过了巧妙设计，与室内空间相互融合（图 15-23）。

图 15-22 流水别墅外景

罗宾住宅、流水别墅动画、罗伯茨住宅、约翰逊制蜡公司办公楼简介

图 15-23　流水别墅内景

纯的曲线组成封闭的结构，为博物馆的设施安排、展览展示和艺术作品的审视与思考提供一种新的可能性（图 15-26～图 15-28）。

图 15-25　西塔里埃森内景

（4）西塔里埃森。

西塔里埃森建筑群是赖特冬季使用的居住和工作的总部，坐落在荒凉的沙漠中，是一片单层的建筑群，其中包括工作室、作坊、住宅、文娱室等。

那里气候炎热，雨水稀少，建筑方式也很特别，以当地巨大石头为骨料与水泥一起筑成厚重的矮墙和墩子，使用大量当地红木作为房屋的上部结构，加上木屋架和帆布篷的有机结合，使该建筑与亚利桑那沙漠融为一体。

帆布屋顶与折板可向沙漠与远处的群山敞开（图 15-24），既可组织建筑通风，又让四周景观一览无余。建筑内部陈列了一些耐人寻味的岩画，这些岩画是曾在该地域生存过的古代霍荷卡姆人的残迹，使得建筑与该地域历史之间产生了共鸣（图 15-25）。

（5）纽约古根海姆博物馆。

古根海姆博物馆建成于 1959 年，赖特打算用单

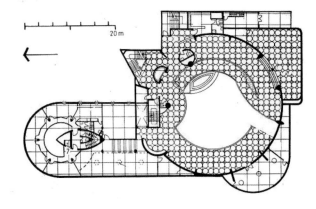

图 15-26　纽约古根海姆博物馆平面图

图 15-27　纽约古根海姆博物馆外景

古根海姆博物馆动画

图 15-24　西塔里埃森外景

古根海姆博物馆分成两部分：大的是 6 层的陈列厅，小的是 4 层的行政办公部分。陈列厅是一个倒立的螺旋形空间，形体的外部向上、向外螺旋上升，高约 30m，大厅顶部是一个花瓣形的玻璃顶，四周是盘旋而上的层层挑台，地面以 3% 的坡度缓慢上升。参观时观众先乘电梯到最上层，然后顺坡而下，参观路线共长 430m。陈列品沿着坡道的墙壁悬挂，观众边走边欣赏，不知不觉之中就走完了 6 层高的坡道，比常规的一间套一间的展览室要有趣和轻松得多，这种参观方式也是建筑无障碍设计的典范。

图 15-28　纽约古根海姆博物馆内景

15.4　现代主义时期的建筑装饰艺术及家具风格

前面介绍的四位建筑师被认为是现代主义的先驱，他们不但在建筑领域造诣颇深，同时又都活跃于室内设计领域。他们的室内设计作品也表现出 20 世纪现代主义的特征，即形式服从于功能，大量使用新材料、新工艺，空间色彩跳跃、简洁、多功能。现代主义下的室内设计和建筑设计一样，它以其简洁、实用的设计理论颠覆了传统的古典主义建筑，在之后的一百多年内成为被全世界喜爱的国际风格（图 15-29）。

现代主义建筑室内设计与家具设计的特征是强调创新设计，反对模仿因袭，墨守成规；注重满足实用要求，努力发挥新材料和新结构的技术性能和美学性能，摒弃了附加的装饰，讲求材料自身的质地和色彩的搭配效果；注重发挥结构本身的形式美，发展了造型简洁、灵活多样的非对称构图手法，主张标准化和批量化。

在家具设计方面，布劳埃设计的钢管椅是最具代表性的。1925 年，他以金属代替木材，设计出第一把钢管椅——瓦西里椅（图 15-30），成为使用钢管制作家具的创始人。钢管椅充分利用材料的特性，造型简洁新颖，轻巧灵便，可以折叠、拆装，易搬运。布劳埃以后又设计了一系列简洁、美观而实用的钢管家具（图 15-31），在市场上畅销不衰。

图 15-29　图根哈特别墅内景

勒·柯布西耶视频，图根哈特别墅动画

另外，由于战争，住宅短缺，更多建筑师开始探索科学的设计之路，用先进的人机工程学等理念辅助设计创作。维也纳女建筑师玛格丽特·舒特·丽霍茨基在1926年设计了法兰克福厨房，该厨房以泰勒主义工作流程科学管理理论为基础，是现代一体化厨房的原型（图15-32）。

图 15-30 瓦西里椅

图 15-31 钢管家具

图 15-32 法兰克福厨房内景

16

第二次世界大战后的
建筑活动与建筑思潮

了解第二次世界大战后世界主流国家的建筑活动；理解建筑在地域、政治、经济、技术等影响下的多元化发展趋势；掌握现代主义之后的各种建筑思潮的特点及其代表人物和代表作品；掌握后现代主义建筑、解构主义建筑的特征。

16.1 第二次世界大战后的建筑活动

第二次世界大战之后，国外工业生产与科学技术取得进步，建筑领域取得了一系列新的成就。高层建筑与大跨度建筑的发展尤为突出。

16.1.1 高层建筑的发展

由于先进工业国的城市人口高度集中，市区用地紧张，地价高昂，建筑被迫向竖向高空发展。留出的空地有利于城市绿化，改善环境，节约政府投资。同时，财阀为了展示实力、获得广告效应，也对高层建筑的发展推波助澜。发展高层建筑已成为主要的城市建筑活动。

19世纪中叶以前，欧美的建筑层数都在6层以内，但从1853年美国载重升降机发明以后，高层建筑才成为可能。高层建筑的发展可分为两个阶段。

第一阶段：从19世纪中叶到20世纪中叶，电梯的发明和新材料、新技术的应用，推动了城市高层建筑的出现。19世纪末，美国的高层建筑已达29层，118m高；1913年建成的伍尔沃斯大厦高度为52层，241m；1931年纽约帝国大厦（图16-1）建成，高度为102层，381m。

第二阶段：20世纪中叶以后，资本主义经济的上升和新的结构体系的发展，促使高层建筑的建造出现了新的高潮。此时，高层建筑不仅在世界范围内普及，而且高度不断增加，数量不断增多，造型也更加新颖。该时期代表性的高层建筑如下。

1950年，纽约联合国秘书处大厦建成，高39层，是早期板式高层建筑的代表。

图16-1 纽约帝国大厦

1952年，纽约利华大厦建成，高22层，开创了全玻璃幕墙板式高层建筑的先河。

1965年，芝加哥马利纳城大厦建成，其由两座多瓣圆形平面公寓组成，高60层，177m，是塔式玻璃摩天楼的典范。

1968年，汉考克大厦建成，高100层，373m，建筑平面为矩形，在其4个立面上突出个十字交叉的巨大钢桁架风撑，再加上四角垂直钢柱以及水平的钢横梁，从而构成了桁架式筒壁，大厦造型较独特。

1973年，纽约世界贸易中心大厦建成（图16-2），其由并列的110层的双塔建筑组成，高411m。

1974年，芝加哥西尔斯大厦建成，高110层，443m，是世界最高的建筑物之一。

1972年，国际高层建筑会议将建筑按层数分为4类。

图 16-2　纽约世界贸易中心大厦

图 16-3　罗马奥运会的小体育宫

第一类：9 ~ 16 层（最高 50m）。

第二类：17 ~ 25 层（最高 75m）。

第三类：26 ~ 40 层（最高 100m）。

第四类：超高层建筑，40 层以上（100m 以上）。

高层建筑的发展与垂直交通问题的解决是密不可分的。

除美国以外，高层建筑在世界各地也都有很大的发展，如 1955—1958 年在意大利米兰建成的皮瑞利大厦，高 30 层，是早期欧洲高层建筑的代表，1969—1973 年法国巴黎的曼恩·蒙帕纳斯大厦地上 58 层，高 229m，是欧洲 20 世纪 70 年代最高的建筑，1974 年在多伦多建成的第一银行大厦高 72 层，285m，是当时除美国以外世界上最高的建筑。

构筑物的高度发展也是惊人的，继埃菲尔铁塔之后，1962 年，莫斯科电视塔高度达 532m；1974 年，加拿大多伦多国家电视塔高达 548m；20 世纪 80 年代初，华沙电视塔高 645.33m，是 20 世纪 80 年代世界最高的构筑物。

16.1.2　大跨度建筑的发展

（1）薄壳结构。

第二次世界大战之后，用薄壳结构来覆盖大空间的做法越来越多，屋顶形式也多种多样。薄壳结构可以用很少的材料取得最大的效果。1950 年建造的意大利都灵展览馆是波形薄壳屋顶；1957 年建造的罗马奥运会的小体育宫是网格穹窿形薄壳屋顶（图 16-3）；世界上最大的壳体是 1958—1959 年巴黎国家工业与技术中心陈列大厅，双曲双层薄壳，两层壳体厚度只有 12cm，跨度达 218m，总建筑使用面积 90000m²。

（2）悬索结构。

高强钢丝的发明促进了悬索结构的发展。悬索结构的主要结构构件均承受拉力，因而外形与传统建筑迥异，但悬索结构在强风引力下容易丧失稳定性，所以技术要求较高。悬索结构分为单曲面和双曲面两类，一般双曲面的马鞍形结构应用较多，且发展较为迅速。1964 年，日本建筑师丹下健三在东京建造的代代木国立综合体育馆在悬索结构技术与造型方面都有很大的创新（图 16-4）。

图 16-4　代代木国立综合体育馆

（3）张力结构。

张力结构是在悬索结构的基础上发展起来的，用钢索或玻璃纤维织品形成张力。张力结构较为轻巧，施工便捷、快速，覆盖面积也非常大。1967 年，由古德伯罗和奥托设计的蒙特利尔世界博览会西德馆（图 16-5）采用的便是钢索网状张力结构。

图16-5　蒙特利尔世界博览会西德馆图

图16-6　日本大阪世界博览会美国馆

（4）空间网架结构。

空间网架结构是大跨度建筑中应用比较普遍的一种结构形式，是由许多杆件组成的网状结构。由于自重轻、刚度大、整体性好、适应性强，空间网架结构被广泛应用于大型体育馆、飞机库等建筑中。1966年，美国得克萨斯州休斯敦市建造的一座圆形体育馆，直径达193m，高度约64m。20世纪70年代末，世界上跨度最大的建筑是1979年建造的美国底特律的韦恩县体育馆，采用圆形平面，直径达266m。

（5）充气结构。

充气结构使用的材料较为简单，一般为尼龙薄膜、人造纤维或金属薄片等，常用来构成建筑物的屋盖或外墙。最具代表性的充气结构是1970年日本大阪世界博览会美国馆（图16-6），它采用椭圆形平面，覆盖面积为10000m^2。此外，1975年建成的密歇根州庞提亚克体育馆，跨度达到168m，覆盖面积为35000m^2。

16.2　第二次世界大战后的建筑思潮

第二次世界大战后，现代建筑设计思想和原则被人们广泛接受，取代了在西方传承数百年的学院派，成为主流的建筑思潮。但因功能与形式近似，千城一面，建筑不能满足人们在不同的生活与活动情境中的需求，不能满足多样化的物质与精神需求。到20世纪60年代末，现代主义受到越来越多的批判，同时后现代主义开始兴起，之后各种新的设计思潮不断涌现，建筑设计全面进入了多元化发展时代，出现了把人们的物质需求与精神需求相结合的多种设计倾向：对理性主义充实与提高的倾向、人情化和地域化倾向、高技派与技术精美的倾向、粗野主义倾向与典雅主义倾向、讲求个性与象征的倾向等。

16.2.1　对理性主义充实与提高的倾向

（1）理性主义。

理性主义形成于两次世界大战之间，以格罗皮乌斯、勒·柯布西耶等人为代表，因讲究功能、强调理性，常以方盒子、平屋顶、白粉墙、横向长窗的形式出现，又称为"功能主义""国际主义"。

理性主义既讲究功能与技术合理搭配，又注意结合环境与服务对象的生活兴趣需要，在功能、技术、环境、经济等方面都取得了突破性发展，艺术形式丰富多样。

理性主义最具代表性的作品是1950年格罗皮乌斯领导的协和建筑设计事务所设计的哈佛大学研究生中心（图16-7）和塞尔特1963—1965年设计的皮博迪公寓、1973年设计的哈佛大学本科生科学中心（图16-8）。哈佛大学本科生科学中心的特点是把相当复杂的内容与空间要求布置得十分恰当，科学中心是个多功能的综合体，建筑的空间布局与主体形状为"T"形，建筑主体的北端高9层，成阶梯状向南跌落，到南端入口处是3层，建筑的外墙是与哈佛老院砖墙颜色一致的预制板。

图 16-7　哈佛大学研究生中心　　图 16-8　哈佛大学本科
生科学中心

（2）新理性主义。

20 世纪 60 年代后，欧洲以意大利为中心出现了一批抵抗功能主义和技术至上的现代工业化城市及其建筑，将建筑重新返回到城市历史文脉中，并以类型学的方式建立一种符合历史发展的建筑形式原则，以保持城市历史与建筑艺术的延续性的设计流派——"新理性主义"（New Rationa Lism）。

意大利代表建筑师阿尔多·罗西于 1966 年出版了《城市建筑》一书，他运用类型分析方法（analysis of typologies）研究认为：建筑的本质是文化的产物，建筑形式的自然法则可以通过对既有建筑类型的研究获得，基本建筑要素可以历史性地形成，亘古不变且无法再减。其作品有强烈的历史传统意识。

1971 年，他的全国竞赛作品圣·卡塔多公墓（图 16-9）以正方形为院落，长长的道路与拱廊规则排列，中轴线上依次布置公墓冢、墓室和艳丽的巨大立方体的灵堂，灵堂与意大利北部住宅相似，但没有屋顶和楼层，像是被遗弃的废墟和死亡之屋。整体构图像一副脱离了肉体躯干的死亡者骨架。

20 世纪 70 年代在瑞士，建筑师马里奥·博塔（Marrio Bott）致力于以类型学方法从历史建筑中寻找建筑形式的逻辑表达，其作品以纯粹的几何体表现出强烈的秩序感和古典精神。卢加诺戈塔尔多银行（图 16-10），以四个独立的几何单元体组成，其间以半围合的形式组成城市庭院，单元体又影射了城市中古老宫殿的建筑特征，为银行树立了富有尊严的纪念碑形象。

实际上，新理性主义的类型学方法更适合作为理解城市与建筑的一种途径，而不是作为普遍的建筑实践原则，设计师们对形式语汇关注远过于对深层社会习俗的研究，最终作品也沦为了一种带有怀旧特征、易于模仿的风格。

图 16-9　圣·卡塔多公墓示意图

图 16-10　卢加诺戈塔尔多银行

（3）新现代。

新现代主要指相信现代建筑依然有生命力，并力图继承和发展现代派建筑师的设计语言与方法的建筑创作倾向，广义上也可以指 20 世纪 70 年代区别于其他具备明显特征的建筑思潮的建筑实践。

现代派建筑的几何造型、混凝土体块、构架、坡道、建筑漫游空间以及对光的空间表达依然是共同的形式语言，但更加关注建筑形式的自主性，并且更自觉地去适应各种文脉、环境与美学的需要。

1997 年，迈耶设计了规模巨大的格蒂中心（Getty Center，1985—1997，图 16-11），集展览、研究、

圆厅住宅、旧金山现代艺术博物馆动画、第二次世界大战后的建筑发展与城市规划概况、新现代主义简介

行政、服务于一体的建筑群，被认为是世界上最昂贵的博物馆之一。格蒂中心位于美国洛杉矶，它坐落于一座 44.5hm² 的小山丘之上，建筑共 8.8 万平方米，面向洛杉矶市区和太平洋，周围景色优美。从形体到光线，从空间到环境景观，其最成功之处在于建筑群落的组织与环境完美结合。迈耶称他要努力回到古罗马的哈德良离宫（Villa Hadriana，118—134 年）的精神中，回到这些建筑的空间序列，回到它们厚重的墙体表现和秩序感中，回到它们关于建筑与场地互为依存的方式中。格蒂中心像一座神奇的城市站立于山丘之上，甚至被称作当代的雅典卫城，它吸引了无数的访问者，并为整个城市带来了新的性格特征。

20 世纪 80 年代初，建筑师贝聿铭设计的巴黎卢浮宫的扩建项目曾在这个著名的历史文化名城中引起轩然大波。贝聿铭设计了一个具有强烈几何特征的透明玻璃金字塔（图 16-12）作为入口，他认为最透明的玻璃就是在最大程度上尊重历史建筑，又强烈地表

图 16-11　格蒂中心

图 16-12　巴黎卢浮宫玻璃金字塔

征了新建筑的时代特征，展现了与后现代主义建筑完全不同的理念。所有扩展的服务空间都放入地下，有效解决了原卢浮宫参观路线过长的问题。该设计将宫殿以及延伸至更远的城市交通有机地连接起来，地下还增加了宽阔的中庭、各种学术与艺术交流场所、文化购物街等。

16.2.2　人情化和地域化的倾向

地域性的建筑风格讲究人情化与地方性，是现代建筑偏感性的方面。现代建筑既讲技术，又讲形式，有自己的特点。

（1）人情化与地方性倾向。

人情化与地方性倾向最先活跃于北欧，在日本等地也有所发展，主要代表人物为芬兰的阿尔瓦·阿尔托（Alvar Aalto），他肯定了建筑必须考虑经济因素，但批判了两次世界大战之间的"现代建筑"，说它是"只讲经济而不讲人情的技术的功能主义"建筑。他提倡建筑应综合地解决人们的生活功能和心理感情需要。在造型上，不局限直线、直角，喜用曲线波浪形；在空间布局上，主张有层次感、有变化；在房屋体量上，强调人体尺度。

其中位于芬兰的帕伊米奥疗养院（图 16-13）就是阿尔瓦·阿尔托富有人情化设计的代表作。疗养院室内装潢简约朴实，易于打扫。在当时，平屋顶、大窗户、露台等现代主义元素就已应用到实用性设计中，为肺结核患者提供了充足的阳光和空气，这在当时看来是有益健康的。

阿尔托在 1951 年设计的珊纳特塞罗市政中心（图 16-14）则充分体现了地方性的倾向。该市政中心位于一个小山坡上，建筑外部用红砖砌筑，造型富于变化。整个建筑由会堂、办公楼、图书馆和一些小商店围合成一个四合院，随着地势的高低，布置成参差错落的轮廓线，入口在内院的一角，院内外都有树丛，使整组红砖建筑完全融入风景之中。

千禧教堂、珊纳特塞罗市政中心动画、阿尔托视频

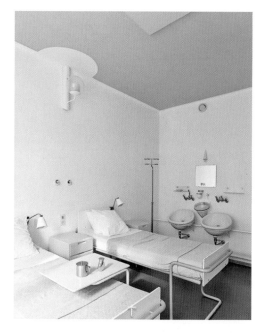

图 16-13　帕伊米奥疗养院室内的人性化设计

图 16-14　珊纳特塞罗市政中心

此外，其他国家与地区的建筑师也有很多代表作品，如丹麦建筑师雅各森设计的苏赫姆的一组联立住宅，它是一座既现代化而又有浓厚乡土风情的住宅。日本建筑师丹下健三提出的观点如下："地方性是包括传统性的，而传统性是既有传统又有发展的。"其代表作有香川县厅舍、仓敷县厅舍。

（2）新地域主义。

新地域主义认为建筑总是联系着一个地区的文化与地域特征，应该创造适应和表征地方精神的当代建筑，以抵抗国际式现代建筑的无尽蔓延，反对任何权威性设计原则与风格，关注建筑所处的地方文脉和都市生活现状，关注从场地、气候、自然条件以及传统习俗和都市文脉中去思考当代建筑的生成条件与设计原则，使建筑重新获得场所感。

世界范围内各国均出现了优秀的新地域主义建筑

师，像墨西哥的路易斯·巴拉干(Luis Barragan, 1902—1988 年)、斯里兰卡的森弗里·巴瓦、埃及的哈桑·法赛、马来西亚的杨经文以及印度的查尔斯·柯里亚和巴克里希纳·多西等，都已经成为享誉世界的建筑师。

墨西哥建筑师路易斯·巴拉干把形式的灵感来源以抽象的建筑语言融入墨西哥，形成了自己的独特风格。他的建筑由大块洗练的几何形组成，高亮度的、魔幻般的鲜艳色彩，并与水组合成体，包容在浓郁的绿化之中，传达着一种具有浓厚墨西哥风情的诗意的人工环境（图 16-15）。

印度建筑师柯里亚为重建民族精神的理想而回到自身传统文化的深层认识与探索中，以获得创作的灵感或理念，探索适应印度本土的现代建筑（图 16-16）。

图 16-15　艾格斯托姆住宅

图 16-16　甘地纪念馆

王澍作品走读、王澍的多样世界视频

印度建筑师多西在侯赛因－多西画廊（图16-17），意外地使用强烈表现主义手法塑造了一种既有洞穴意向又让人联想到印度古代的支提窟和萃堵坡的神秘场所。多个眼睛般的窗洞在达到采光和私密性的平衡后，创造了室内神奇的光感，增加了画廊的宗教气氛。

1998年5月，在西南太平洋新喀里多尼亚的努美阿半岛上，一座为纪念卡纳克独立运动领导人而建的芝柏文化中心（图16-18），将该地的自然和人文景观编织得如画一般。该建筑的设计师是意大利建筑师佐伦·皮亚诺。

新加坡建筑师林少伟，马来西亚建筑师杨经文等建筑师都创造性地运用了新地域主义进行现代建筑创作。

图16-17　侯赛因－多西画廊

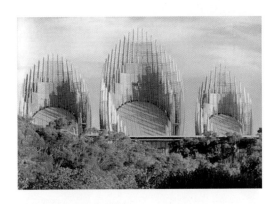

图16-18　芝柏文化中心

荷兰建筑师阿尔伯兹（Anton Alberts）和胡特（Max van Huut）设计的阿姆斯特丹NMB银行总部（1984年，图16-19）因将建筑分成十个尺度、材质、色彩等带有阿姆斯特丹古城意向的单元，延续了强烈的地方特色。

图16-19　阿姆斯特丹NMB银行总部

20世纪80年代后期，许多建筑师开始挖掘土著文化，以此来探究适应地理环境和气候条件的地方本土建筑。

20世纪80年代，肯尼思·弗兰普顿教授发表《批判的地域主义》一文，总结了批判的地域主义倾向的特征如下。

① 在坚持批判态度的同时并不拒绝现代建筑带来的进步，但其片段性和边缘性特征已远离早期现代建筑规范化的理想与幼稚的乌托邦色彩。

② 这种倾向关注"场所－形式"的关联性，认识到一种有边界的建筑，即建筑总是生成于特定的环境。

③ 建筑设计注重"建构的事实"，而非将建筑沦为舞台布景。

④ 关注建筑如何回应特定场地的因素，如地形、气候与光的特征。

⑤ 关注视觉之外的建筑品质，如温度、湿度、空气流动以及表面材料对人体的影响。

⑥ 反对感性地模仿乡土建筑，而要寻找乡土建筑的转译方式，要在世界文化的背景中培育具有当代特征的地方精神。

总体而言，批判的地域主义所强调的是，当外来影响作用于本土文化和文明时，能够在吸收这种影响的同时对自身传统进行再创造以建立一种新的综合。批判的地域主义是对现代主义、后现代主义、新理性主义等建筑思潮的大胆批判和深刻反思。

16.2.3 高技派与技术精美的倾向

（1）高技派。

20世纪50年代末，高技派因当时高速发展的工业技术而活跃起来，它是技术主义思潮在建筑方面的产物。

高技派的特征是在建筑形象方面进行装配化标准设计的创新：强调系统设计和参数设计；强调高度工业化和快速施工；强调结构的轻质高强与可装可卸；强调内部空间的可变性与灵活性；对于结构构件以及设备管道不加掩饰，暴露在外。

在同一时期，日本著名的建筑师黑川纪章和丹下健三也主张强调事物的生长、变化与衰亡的原则，竭力主张采用最新的技术来解决问题。

建筑师皮阿诺和罗杰斯设计的巴黎蓬皮杜国家艺术和文化中心（图16-20），其造型奇特，钢结构梁、柱、木桁架、拉杆等甚至涂上颜色的各种管线都不加遮掩地暴露在立面上。红色的是交通运输设备，蓝色的是空调设备，绿色的是给水、排水管道，黄色的是电气设施和管线。人们从大街上可以望见复杂的建筑内部设备，五彩缤纷，琳琅满目。它根本不像平常所见的博物馆。不可否认，这座建筑确实打破了旧建筑的条条框框，在技术上和艺术上都有所创新。

此外高技派的作品还有日本建筑师丹下健三的山梨文化会馆（图16-21）与诺曼福斯特的香港汇丰银行大厦等。

图16-20 巴黎蓬皮杜国家艺术和文化中心

图16-21 山梨文化会馆

（2）技术精美的倾向。

讲究技术精美的倾向是第二次世界大战后20世纪40年代末至20世纪50年代下半期占主导地位的设计倾向。技术精美的倾向最先流行于美国，设计方法偏理性，简化结构体系，精简结构构件，建筑内部空间很大，没有屏障或者屏障很少，可做任何用途；净化建筑形式，精确施工，使之成为只由直线、直角组成的钢和玻璃的纯净方盒子。

16.2.4 粗野主义倾向与典雅主义的倾向

粗野主义与典雅主义是齐头并进但在艺术效果上却相反的两种设计思潮。

（1）粗野主义倾向。

粗野主义是20世纪50年代中期到20世纪60年代中期流行的建筑设计倾向。最早由英国史密森夫妇提出，他们认为建筑的美应以结构与材料的真实表现作为准则，不仅要诚实地表现结构与材料，还要暴露它的服务性设施。

粗野主义的典型特点是毛糙的混凝土、沉重的构件以及它们的粗鲁结合，因而让人很自然地联想到勒·柯布西耶的马赛公寓（图16-22）、昌迪加尔高等法院。此外，英国斯特林和戈尔设计的兰根姆住宅、美国鲁道夫设计的耶鲁大学建筑与艺术系大楼、日本丹下健三设计的仓敷市厅舍也都是此类作品。

（2）典雅主义的倾向。

典雅主义致力于运用传统的美学法则来使现代的材料结构产生规整与典雅的庄严感，又称"新典主义"。典雅主义建筑表现出一种古典建筑似的有条理、有计划的安定感，并能使人联想到业主手中的权力与财富的雄伟感。

典雅主义风格主要流行于美国，代表人物是菲利普·约翰逊（Philip Jothson）、爱德华·杜雷尔·斯东（Edward Durell Stone）和雅马萨奇（Yamasaki）等第二代建筑师。1955 年，斯东主持设计的美国驻印度新德里大使馆（图 16-23）是典雅主义的代表作，总体建筑群中包括大使馆主楼、大使住宅、随员宿舍和服务用房等，为适应印度干热的气候，主体建筑采用了封闭的内院式建筑，内外均设柱廊，并在其后衬以白色镂窗式幕墙，整个建筑端庄典雅，金碧辉煌。

1958 年约翰逊设计的纽约林肯文化中心和 1973 年雅马萨奇的纽约世界贸易中心，都是典雅主义的代表作品。

16.2.5　讲求个性与象征的倾向

讲求个性与象征的倾向在建筑形式上表现为变化多端，对千篇一律的现代建筑风格感到厌烦。它的特点如下：运用几何形构图；运用抽象的或具体的象征；各建筑师自成风格，并不统一表现形式。

首先，在运用几何元素构图时，美籍华裔建筑大师贝聿铭设计的建于 1978 年的美国国家美术馆东馆（图 16-24）是一个杰出代表作品，其造型醒目而清新，由两个三角形组成的平面与环境非常协调，内部空间舒展流畅，适用性极强，各部位精心设计，空间宜人。

其次，运用抽象的象征设计手法来表达，代表作品有勒·柯布西耶的朗香教堂。该教堂像一件雕塑品，形体自由，线条流畅。勒·柯布西耶认为教堂就应该是一个"高度思想集中与沉思的容器"，他把朗香教堂当作一个听觉器官来设计。

此手法代表作品还有沙龙设计的柏林爱乐音乐厅，外形由内部的空间形状决定，周围墙体曲折多变，整个建筑物的内外形体都极不规整，难以形容。

最后，运用具体的象征手段表达，代表作品有小沙里宁的纽约肯尼迪航空港候机楼和伍重设计的悉尼歌剧院。

图 16-22　马赛公寓

图 16-23　美国驻印度新德里大使馆

图 16-24　美国国家美术馆东馆

马赛公寓、美国国家美术馆东馆动画

16.3 现代主义之后的建筑思潮

16.3.1 后现代主义

第二次世界大战结束后，现代主义建筑在世界许多地区占主导地位。但是从 20 世纪 60 年代开始，现代主义的设计思想、原则和方法开始受到质疑和批评，它被指责割断历史，忽视人的感情需要，忽视新建筑与原有环境文脉的配合，冷酷无情、千篇一律。

1961 年，纽约大都会博物馆举办了题为"现代建筑：死亡与变质"的讨论会；同年，作家詹·雅可布斯发表《美国大城市的死与生》，猛烈抨击美国的现代主义建筑与城市建设。这时期，部分建筑师和理论家以一系列批判现代建筑派的理论与实践推动形成了一种新的建筑思潮，被称为后现代主义。

后现代主义主要表现在对现代主义建筑的批判与否定上。美国建筑师罗伯特·文丘里于 1966 年出版的《建筑的复杂性与矛盾性》提出建筑本身的复杂性与矛盾性；建筑的含义由于破坏法式而增强；重新肯定建筑传统的价值，以非传统的方式组织传统部件，以非标准的方式运用标准化；重视建筑内外的差别等。文丘里还针对密斯·凡·德·罗的名言"少即是多"提出了相反的观点，即"少即枯燥"，主张建筑要有装饰，有了装饰，建筑才有个性，才不同于构筑物；文丘里主张打破常规，可以运用一些新手法，如不协调的韵律和方向，不同比例和不同尺度的东西"毗邻"，对立和不能相容的建筑元件的堆砌和重叠，采用片断、断裂和折射的方式，室内和室外脱开，不分主次的"二元并列"和矛盾共处。

到了 20 世纪 80 年代，后现代主义的作品在西方建筑界引起广泛关注。1959 年，文丘里为其母亲设计的栗子山住宅（图 16-25）成了后现代主义建筑的经典作品。该住宅采用坡顶，主立面总体上对称，但细部不对称，窗孔的大小和位置根据内部功能的需要确定。山墙的正中央留有阴影缺口，似乎将建筑分为两半，而入口门洞上方又装饰弧线，似乎有意将左右两部分连为整体，成为互相矛盾的处理手法。平面结构是简单的对称结构，功能布局在中轴线两侧则是不对称的，中央是开敞的起居厅，左边是卧室和卫浴，

栗子山住宅动画

图 16-25 栗子山住宅

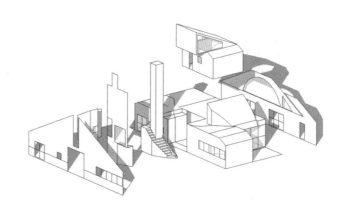

图 16-26 栗子山住宅拆分示意图

右边是餐厅、厨房和后院，反映出古典对称布局与现代生活的矛盾。栗子山住宅建成后在国际建筑界引起极大关注，山墙中央裂开的构图处理被称作"破山花"，这种处理一度成为后现代建筑的符号（图 16-26）。

查尔斯·摩尔设计的新奥尔良意大利广场（图 16-27）也是后现代建筑的代表作之一。该广场是本市意大利裔居民的休闲场所，中心部分开敞，一侧有祭台与拱券，下部台阶呈不规则形状，前面有一片浅水池，池中是石块组成的意大利地图模型。广场铺地

以地图模型中的西西里岛为中心，组成一圈圈的同心圆。祭台两侧有数条单片、弧形、不同材质的罗马柱构成的柱廊，前后错落，高低不等，结合灯光与水流，呈现一个五光十色的生活舞台，表现出既古老又新颖、既传统又前卫、既高雅又通俗、既认真又随意的意大利文化。

约翰逊设计的纽约美国电话电报公司大楼则是后现代主义的里程碑建筑，这幢大楼与以往的玻璃幕墙摩天楼完全不同，外墙大面积覆盖花岗岩，立面按古典方式分成 3 段，顶部是一个开有圆形缺口的巴洛克式大山花（图 16-28）。

图 16-27　新奥尔良"意大利广场"　　图 16-28　美国电话电报公司大楼

后现代主义的一些基本的共同特征如下。

① 历史主义倾向：建筑师喜欢戏谑地使用古典元素，使其走向通俗化、大众化，即"以非传统的方式应用传统"。

② 隐喻主义倾向：常以各种符号和装饰手段来强调建筑形式的含义及象征作用。

③ 装饰倾向：主张装饰建筑，拓展了装饰意识和手法，花样翻新，大胆别致。

④ 文脉主义倾向：从地区的文化传统出发，对特定的环境予以尊重，注重创造新环境的归属感。

16.3.2　解构主义

解构主义是 20 世纪 60 年代，法国哲学家雅克·德里达基于对语言学中的结构主义的批判而提出的哲学观念。解构主义作为一种设计风格兴起于 20 世纪 80 年代。1988 年 3 月，英国伦敦的泰特美术馆举行了解构主义学术研讨会；同年 6 月，美国现代艺术博物馆举办了解构主义七人（盖里、库哈斯、哈迪德、李伯斯金、蓝天社、屈米、埃森曼）作品展，引起广泛关注。

解构主义是对现代主义批判地继承，它仍然运用现代主义的语汇，却颠倒、重构各种既有建筑语汇之间的关系，从逻辑上否定传统的基本设计原则，由此产生新的意义。解构主义用分解的观念，强调打碎、叠加、重组，反对总体统一，主张创造出支离破碎和不确定感。其建筑精神实质是无绝对权威的、非中心的、恒变的、没有预定的设计，即多元的、非统一化的、破碎的、凌乱的、模糊的。

解构主义建筑的特征表现为：散乱，呈打散、分离形态；残缺，构件不完整，留有悬念，以想象来补充；突变，构件之间联结很突然，没有过渡，生硬；动势，用倾倒、扭转、弯曲、波浪形等富有动态的体型，造成失稳、失重、滑动、滚动、错移、翻倾、坠落等错觉，大有"形不惊人死不休"之感，叫人叹为观止。

解构主义的代表性作品有屈米设计的巴黎拉维莱特公园，贝尼希设计的德国斯图加特大学太阳能研究所，盖里设计的西班牙毕尔巴鄂古根海姆博物馆、美国洛杉矶的迪士尼音乐厅，埃森曼设计的维克斯纳视觉艺术中心，李柏斯金设计的柏林犹太人博物馆，库哈斯设计的海牙国立舞剧院等。

巴黎拉维莱特公园用点、线、面 3 种要素叠加，相互之间毫无联系，各自单独成系统。其中的点要素为 26 个红色的景点；线要素有长廊、林荫道和一条贯穿全园的弯弯曲曲的小径；面要素即 10 个主题园（图 16-29）。

德国斯图加特大学太阳能研究所，看起来像一堆建筑构件胡乱堆积、拼接的，然而在杂乱中又能感受到一种潜在的秩序，一种洒脱的美（图 16-30）。

毕尔巴鄂古根海姆博物馆由一群外覆钛合金板的不规则双曲面体量组合而成，在邻水的北侧，以较长的横向波动的 3 层展厅来呼应河水的水平流动感及较大的尺度关系（图 16-31）。博物馆以奇美的造型、特异的结构和崭新的材料举世瞩目，被媒体界惊呼为"一个奇迹"，称它是"世界上最有意义、最美丽的博物馆"。

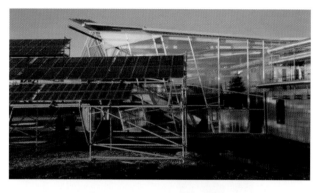

图 16-30　德国斯图加特大学太阳能研究所

图 16-29　拉维莱特公园

图 16-31　毕尔巴鄂古根海姆博物馆

16.4　现代主义之后的建筑装饰艺术及家具风格

第二次世界大战之后，新的设计理论和风格流派百花齐放。室内设计领域主要有高技派、风格派、白色派、简约主义派、装饰艺术派、后现代主义派、解构主义派等。

（1）高技派。

高技派注重高度工业技术的表现，有几个明显的特征：一是喜欢使用最新的材料，尤其是不锈钢、铝塑板或合金材料，作为室内装饰及家具设计的主要材料；二是偏向将结构或机械组织暴露在外，如把室内水管、风管暴露在外（图 16-32、图 16-33），或

使用透明的、裸露机械零件的家用电器；三是在功能上强调现代居室的视听功能或自动化设施，家用电器为主要陈设，构件节点精巧，室内艺术品均为抽象艺术风格。

（2）风格派。

风格派又称新造型主义派，于 1917—1928 年由蒙德里安等人在荷兰创立。他们认为艺术应消除与任何自然物体的联系，只有点、线、面等最小视觉元素和原色是真正具有普遍意义的永恒艺术主题（图 16-34）。其室内设计方面的代表人物是木工出

身的里特威尔德，他将风格派的思想充分表达在家具、艺术品陈设等各个方面。另外，风格派的出现使包豪斯的艺术思潮发生了转折，它所创造的绝对抽象的视觉语言及其代表人物的设计作品对于现代艺术、现代建筑和室内设计产生了极其重要的影响。

图 16-32　德国国会大厦内景

图 16-33　巴黎蓬皮杜艺术中心

图 16-34　风格派室内设计及代表家具红蓝椅

（3）白色派。

白色派又称光亮派，作品以白色为主，具有一种超凡脱俗的气派和明显非天然的效果，被称为美国当代建筑中的"阳春白雪"。其设计思想和理论原则深受风格派和勒·柯布西耶的影响，偏爱纯净的建筑空间、体量和阳光下的立体主义构图和光影变化，故又被称为早期现代主义建筑的复兴主义（图16-35）。

（4）简约主义派。

简约主义派源于20世纪初期的西方现代主义。欧洲现代主义建筑大师密斯·凡·德·罗的名言"少即是多"被认为代表了简约主义派的核心思想。简约主义派的特色是将设计的元素、色彩、照明、原材料简化到最少的程度，但对色彩、材料的质感要求很高，因此，简约主义派的空间设计通常非常含蓄，往往能达到以少胜多、以简胜繁的效果。

（5）装饰艺术派。

装饰艺术派源自19世纪末的新艺术运动。装饰艺术派不排斥机器时代的技术美感，机械式的、几何的、纯粹装饰的线条也被用来表现时代美感，比较典型的装饰图案有扇形辐射状的太阳光、齿轮或流线型线条、对称简洁的几何构图等；色彩运用方面以明亮且对比强烈的颜色来描绘，具有强烈的装饰意图（图16-37、图16-38）。

（6）后现代主义派。

后现代主义派强调建筑及室内设计应具有历史的延续性，但又不拘泥于传统的逻辑思维方式，探索创新造型手法，讲究人情味，常在室内设置夸张、变形、柱式和断裂的拱券，或把古典构件的抽象形式以新的

图 16-35　白色派室内设计（藤本壮介设计）

图 16-36　简约主义派室内设计

图 16-37　装饰主义派门厅

图 16-38　装饰主义派纹样

图 16-39　后现代主义派室内设计

手法组合在一起，即采用非传统的混合、叠加、错位、裂变等手法和象征、隐喻等手段，以期创造一种集感性与理性、传统与现代、大众和行家于一体的建筑室内环境和家具（图 16-39、图 16-40）。后现代主义派不能仅仅以所看到的视觉形象来评价，而应从设计思想来分析。后现代主义派的代表人物有菲利普·约翰逊、文丘里、迈克尔·格雷夫斯等。

（7）解构主义派。

解构主义派开始于 20 世纪 80 年代晚期。它的特点是把整体进行解构。解构主义派的主要想法是对外观进行处理，通过非线性或非欧几里得几何的设计，来形成建筑元素之间关系的变形与移位，如楼层和墙壁、结构和外廓（图 16-41、图 16-42）。

图 16-41　解构主义派椅子设计

图 16-42　解构主义派别墅室内设计

图 16-40　后现代主义派客厅

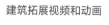

建筑拓展视频和动画

附录

中外建筑史常识提要、时间表以及室内装饰时间表

1. 中国建筑史时间表

2. 外国建筑史时间表

3. 中外建筑史时间对照表

4. 中国古代建筑史常识提要

5. 中国近现代建筑史常识提要

6. 外国近现代建筑史常识提要

7. 室内装饰史时间表（一）

8. 室内装饰史时间表（二）

参考文献

[1] 潘谷西 . 中国建筑史 [M].7 版 . 北京：中国建筑工业出版社，2015 .

[2] 陈志华 . 外国建筑史（19 世纪末叶以前）[M]. 北京：中国建筑工业出版社，1997 .

[3] 梁思成 .《图像中国建筑史》手绘图 [M]. 北京：新星出版社，2017 .

[4] 罗小未 . 外国建筑历史图说 [M]. 上海：同济大学出版社，1986 .

[5] 袁新华，焦涛 . 中外建筑史 [M].3 版 . 北京：北京大学出版社，2020 .

[6] 贺楠，赵宇 . 中外建筑史 [M]. 长春：吉林大学出版社，2016 .

[7] 张新荣 . 建筑装饰简史 [M]. 北京：中国建筑工业出版社，2000 .

[8] 柴图大师图典丛书编辑部 . 世界不朽建筑大图典 [M]. 西安：陕西师范大学出版社，2003 .

[9] 梁莺歌，刘浪 . 中外建筑风格分析 [M]. 北京：人民邮电出版社，2015 .

[10]   派尔 . 世界室内设计史 [M]. 北京：中国建筑工业出版社，2007 .

后记

　　本书从初期提出大纲、搜集资料、安排人员，到后期经历五次修改直至定稿，编写过程长达两年。对于一本简明又不失专业知识的建筑史教材来说，本书的编写投入了较多的精力以保证其质量。

　　本书创新之处如下。

　　（1）突破传统教材单一的图文表达方式，利用当代互联网技术，将拓展内容以二维码的形式置于正文中，学生扫描二维码即可学习相关知识。

　　（2）横向对比中外建筑发展历史，并总结中国建筑史、外国建筑史的古代、近现代相关知识与时间对照表，加深学习印象。

　　（3）书中多数图片是由作者亲赴实地拍摄，从不同角度真实再现建筑细节。

　　本书主编为杜异卉、赵月苑、彭丽莉，副主编为潘娟、张子竞、倪珂、沈渡文、刘世为、何媛、王方园、张晓慧、郝晓嫣、尹子祥、王彦苏、张冉、尹一鸣、罗昊。

　　除此之外，相关古建筑图纸由徐昊、杨佳玲、田其鑫、阮世玉、李墨等绘制；建筑大师经典作品漫游动画由杨健平、夏福东、刘祥龙、奚韵能、郎中兴、罗鑫、覃珅等制作；历史年代对照表由梅杰绘制，同时感谢重庆昊色堂建筑咨询有限公司罗昊先生和巴蜀古代建筑博物馆对本书编撰期间提供的协助，在此一并表示感谢。

　　本书旨在讲解简明又不失专业知识的建筑史，筛选补充相关知识，形成二维码，帮助学生在互联网时代的海量信息中快速找到相关联的知识，满足学生的学习需要。

　　本书在编写过程中使用了部分资料，在此向这些资料的版权所有者表示诚挚的谢意！由于客观原因，我们无法联系到您。如您能与我们取得联系，我们将在第一时间更正任何错误或疏漏。